# 基于近似 Riemann 解的浅水植被水流数值模拟

杨中华　白凤朋　郑川东　朱政涛　等 著

中国水利水电出版社
www.waterpub.com.cn
·北京·

## 内 容 提 要

本书围绕基于近似 Riemann 解格式的 Godunov 型有限体积法在浅水及植被水流数值模拟中的应用，系统阐述了数学模型的构建过程和植被阻力在浅水模型中的处理方法，重点讨论了建立的数学模型在植被水流模拟和实际工程中的应用问题。本书主要内容包括数值模拟方法研究进展、浅水流动基本控制方程、基于近似 Riemann 解格式的 Godunov 型有限体积法浅水数学模型构建过程以及建立的数学模型在抚河故道和鄱阳湖水动力水质模拟中的应用等。

本书旨在促进浅水水流数学模型研究的发展，主要面向水利、环保等部门的工作人员以及计算水动力学、环境水力学及生态学等相关专业科研人员及研究生。通过对本书的学习，读者可以掌握多种网格下求解浅水水流模型的数值方法，将对浅水水流模型的基本理论、模拟方法和应用领域有更为全面的认知。

## 图书在版编目（ＣＩＰ）数据

基于近似Riemann解的浅水植被水流数值模拟 / 杨中华等著. -- 北京 : 中国水利水电出版社, 2022.2
ISBN 978-7-5226-0512-8

Ⅰ. ①基… Ⅱ. ①杨… Ⅲ. ①黎曼流形－应用－浅水波－数值模拟 Ⅳ. ①TV131.2

中国版本图书馆CIP数据核字(2022)第031992号

| 书　　　名 | **基于近似 Riemann 解的浅水植被水流数值模拟**<br>JIYU JINSI Riemann JIE DE QIANSHUI ZHIBEI SHUILIU SHUZHI MONI |
| --- | --- |
| 作　　　者 | 杨中华　白凤朋　郑川东　朱政涛　等 著 |
| 出 版 发 行 | 中国水利水电出版社<br>（北京市海淀区玉渊潭南路 1 号 D 座　100038）<br>网址：www. waterpub. com. cn<br>E - mail：sales@mwr. gov. cn<br>电话：(010) 68545888（营销中心） |
| 经　　　售 | 北京科水图书销售有限公司<br>电话：(010) 68545874、63202643<br>全国各地新华书店和相关出版物销售网点 |
| 排　　　版 | 中国水利水电出版社微机排版中心 |
| 印　　　刷 | 清淞永业（天津）印刷有限公司 |
| 规　　　格 | 184mm×260mm　16 开本　8.75 印张　213 千字 |
| 版　　　次 | 2022 年 2 月第 1 版　2022 年 2 月第 1 次印刷 |
| 印　　　数 | 0001—1000 册 |
| 定　　　价 | **42.00 元** |

# 前言

　　浅水水流数学模型的研究距今已有 60 多年的历史，准确、高效、稳定地模拟浅水流动一直是国内外学术界和工程界的研究热点和难点。随着计算机性能和监测数据精度的不断提升，数值模拟方法得到了迅速的发展，数值计算方法已经成为现代一种研究物理现象本质，解决实际工程问题的强大技术。近年来，国内外学者在模拟浅水流动方面取得了丰硕的成果。其中，基于 Riemann 解求解欧拉方程的 Godunov 型有限体积法使计算流体力学得到了革命性突破，被广泛用于浅水流动的数值模拟中，并取得了良好的实际应用效果。

　　本书系统总结了作者近年来在浅水水流数值模拟方面取得的最新研究成果，围绕基于近似 Riemann 解格式的 Godunov 型有限体积法在浅水流动模拟中的应用，系统阐述了数学模型的构建过程，重点介绍了建立的数学模型在植被水流模拟和实际工程中的应用情况。本书共分为 6 章，第 1 章主要介绍了数值模拟方法研究进展和近似 Riemann 解在浅水水流数值模拟中的研究进展；第 2 章介绍了一维和二维浅水流动基本控制方程，以及不同植被类型的阻力概化方法；第 3 章系统、详细地阐述了基于近似 Riemann 解格式的 Godunov 型有限体积法浅水数学模型构建过程，并采用经典算例对数学模型进行了验证和检验；第 4 章介绍了建立的数学模型在抚河故道植物群落对河道行洪能力和水质影响研究中的应用情况；第 5 章主要介绍了建立的数学模型在三峡水库建成后鄱阳湖湖区水文水动力变化以及鄱阳湖水利枢纽工程对湖区水流水质的影响研究中的应用情况；第 6 章为本书的总结。

　　本书编写人员及分工如下：第 1 章由杨中华、白凤朋编写，第 2 章由白凤朋、杨中华、朱政涛、郑川东编写，第 3 章由郑川东、白凤朋、杨中华、朱政涛编写，第 4 章由白凤朋、郑俊杰编写，第 5 章由朱政涛、周武刚、郑俊杰编写，第 6 章由杨中华编写，全书由杨中华统稿审定，武梦爽、方浩泽参与了本书的编写工作。

　　本书的出版得到了国家自然科学基金（51879199、52020105006、51439007）和湖北省自然科学基金（2020CFB260）的资助，本书在撰写过程中，参考和引用了国内外多位专家和学者的数据和研究成果，在此表示衷心感谢。

本书旨在促进浅水水流数学模型研究的发展，主要面向水利、环保等部门的工作人员以及计算水动力学、环境水力学及生态学等相关专业科研人员及研究生。通过对本书的学习，读者可以掌握多种网格下求解浅水水流模型的数值方法，将对浅水水流模型的基本理论、模拟方法和应用领域有更为全面的认知。

本书在撰写过程中得到了长江水资源保护科学研究所、中国长江三峡集团有限公司和江西省灌溉试验中心站的大力支持，在此表示感谢！

浅水流动的数值模拟研究是一项涉及多个学科和多个专业的复杂工作，本书涉及的内容较多且属于当前国内外前沿的研究，加之作者学识有限、时间仓促，书中难免有疏漏和不当之处，真诚希望广大读者提出宝贵的意见和建议。

**作者**
2021 年 11 月于武汉

# 目录

# 第1章 绪 论

## 1.1 浅水流动介绍

水流运动是流体力学的重要研究内容之一。流体力学主要研究流体在各种力作用下的静止和运动状态以及流体和固体界壁间有相对运动时的相互作用和流动规律。流体力学的研究中一般采用连续介质假定,即将流体视为由无数连续分布的流体微团组成的连续介质进行研究。流体力学的理论建立在经典力学的基础之上,因而流体运动遵循经典力学的基本定律:质量守恒定律、动量守恒定律和能量守恒定律。严格意义上,自然界中的水流运动现象都属于三维问题,其物理过程可由纳维-斯托克斯(N-S)方程组进行精确的描述。三维水流运动非常复杂,采用完全三维的数学模型求解将消耗巨大的计算资源,某些特殊情况中甚至不能求解,因而极大地限制了完全三维数学模型在实际工程问题中的应用和发展。

通常将满足以下条件的均匀流体的流动定义为浅水流动(谭维炎,1998):水流具有自由表面,以水流与固体边界之间及水流内部的摩阻力为主要耗散力,并且主要受重力驱动,有时需要考虑风应力、地转柯氏力等外力的作用;水流水平运动的尺度远远大于垂直运动的尺度,垂向流速和加速度可以忽略,从而水压力呈现静压分布;水平流速沿垂线近似均匀分布,不必考虑实际存在的对数或者指数等形式的垂线流速分布。对于天然河道和浅水湖泊,水深远远小于二维计算域的长度,综合考虑模拟精度和计算效率的要求,在进行水流数值模拟时,可忽略水流要素沿垂线方向的变化,对 N-S 方程组沿垂直方向进行积分,把三维流动问题简化为平面二维浅水问题;有时候受基础资料的限制以及为了满足实际工程问题的需要,也可引入断面平均的方法,假定流速沿整个过水断面呈均匀分布,推导出一维浅水方程,即圣维南方程组。

## 1.2 数值模拟方法研究进展

随着计算机计算性能的提升和数值计算方法的不断完善,国内外学者普遍采用数值计算方法求解一维圣维南方程组、平均水深的二维浅水方程以及三维纳维-斯托克斯方程组。数值计算方法已经成为现代一种研究物理现象本质、解决实际工程问题的强大工具。根据水流数学模型尺度的不同,可以将模型分为三种类型:微观尺度模型、介观尺度模型以及宏观尺度模型。微观尺度模型是基于分子动力学理论的方法,控制方程是汉密尔顿方程;宏观尺度模型基于连续介质假说,控制方程是纳维-斯托克斯方程组,其中最具有代表性的方程求解方法为特征线法、有限差分法、有限元法和介于两者之间的有限体积法；介观模型是介于宏观和微观之间的方法，格子玻尔兹曼法就是一种典型的介观方法，核心是建立微观和宏观之间的桥梁，在一定的区域内不考虑单个粒子的运动，而是将此区域的所有粒子看作一个运动的整体，整体运动特性由粒子分布函数决定。下面分别对特征线法、有限差分法、有限元法、有限体积法和格子玻尔兹曼法作简单介绍。

## 1.2.1　特征线法

特征线法是计算机普遍应用前水流数值模拟的主要方法，它以偏微分方程的特征理论为基础近似求解双曲型偏微分方程，将双曲型偏微分方程转化成两组对应的常微分方程，在此基础上对常微分方程进行时空离散，求解得到水深、流速等变量（Hunt，1983）。特征线法数值计算的主要困难在于特征线往往不在所需位置相交，需要在特定位置进行插值计算。特征线法的优点在于严谨的数学分析、明确的物理概念，符合水流运动机制且计算精度高；缺点在于复杂的求解格式，高维水流问题计算复杂，时间步长与空间步长的比值受到稳定条件的制约，导致时间步长只能取很小的值，因而计算效率较低。

## 1.2.2　有限差分法

有限差分法是计算水力学数值模拟最早采用的方法，其基本思想是将计算区域划分成许多网格，在每一个网格节点上直接用时间和空间上的差商代替原来的微分方程中的偏导项，将偏微分方程转化为代数方程，在整个计算区域得到一个以节点函数为未知数的线性代数方程组。根据采用的空间差分和时间差分形式的不同，有限差分法可分为显式格式、隐式格式和交替方向隐格式（alternating direction implicit，ADI）。有限差分法的优点在于其数学概念清晰，求解方法简单直观，数值解的存在性、收敛性、稳定性都有着成熟的研究成果；缺点在于对复杂几何边界的拟合较为困难，处理强接触间断的能力较差，显式格式的时间步长和空间步长受柯朗稳定条件（Courant et al.，1967）限制。

## 1.2.3　有限元法

有限元法起源于 20 世纪 40 年代，最初用于解决复杂的弹性结构分析问题。有限元法以变分原理和剖分插值为数学基础，将计算区域划分为多个互相连接的不重合的单元，分单元进行逼近求解。通过使方程空间积分的加权残差极小化建立计算区域内的有限元方程组，在单元内部选择合适的插值函数得到方程组的数值解。有限元法曾被广泛地用于求解椭圆型偏微分方程组的边值问题，由于在间断处易发生虚假数值震荡，并不适用于求解对流占优的输运问题。1974 年，Lesaint 提出了间断有限元的思想，后经过 Schwanenberg et al.（2004）等学者的进一步研究，逐步形成了间断有限元法。间断有限元法能有效捕捉激波间断，同时保证数值计算的稳定性。有限元法的优点在于计算精度较高，边界适应能力强；缺点在于求解强非恒定流时，在每一时间步都要求解大型线性方程组，导致计算效率较低。

## 1.2.4　有限体积法

有限体积法是在 20 世纪 80 年代发展起来的离散方法，其原理是将计算区域划分为若干相互连接但不重叠的控制体，在每个控制体的边界处计算沿法向输入或者输出的质量和动量通量，然后再对每个控制体进行水量和动量平衡计算，得到每个控制体内的平均水流变量。有限体积法既可以求解连续水流问题，也可以求解间断水流问题。有限体积法严格遵守质量和动量守恒定律，其误差主要来源于计算过程中的截断误差。有限体积法的关键是如何计算控制体界面处的通量，目前常用的计算界面通量的格式主要包括通量加权平均格式（weighted average flux，WAF）、通量向量分裂格式（flux vector splitting，FVS）、通量差分法分裂格式（flux difference splitting，FDS），以及 Osher、Roe、HLL 和 HLLC（Harten，Lax，van Leer and Contact）等近似黎曼（Riemann）算子（Osher et al.，1982；Glaister，1988；Harten et al.，1997；Toro，1994）。其中基于黎曼问题求解的 Godunov 格式（Godunov，1959）是浅水水流数学模型研究中应用最为广泛的主流数值格式。有限体积法不仅具有良好的稳定性和间断捕捉能力，而且还集合了特征线法的精度、有限差分法的效率以及有限元法的几何灵活性等方面的优点。

## 1.2.5　格子玻尔兹曼法

格子玻尔兹曼法是近 20 年发展起来的一种介于宏观连续模拟和微观分子动力学模拟之间的介观模拟方法。格子玻尔兹曼法不需要建立和求解复杂的偏微分方程，为众多复杂问题的解决提供了可能。在许多传统模拟方法难以胜任的领域，如微观尺度流动、多相流、多孔介质流、磁流体等，都可以进行有效的模拟。因此，格子玻尔兹曼法现在不仅仅是一种数值模拟方法，而且是一项重要的研究手段。格子玻尔兹曼法的优点在于具有清晰的物理背景，易于并行计算，程序易于实现等；缺点在于模拟急流、高雷诺数流动及多相流方面还需要深入研究，不能很好地适应复杂计算域的不规则边界。

## 1.3　近似 Riemann 解在浅水水流数值模拟中的研究进展

1959 年 Godunov 首次提出了采用 Riemann 解求解非线性欧拉方程的计算格式，使计算流体力学得到了革命性突破。其主要优势在于在计算过程中能保证各个物理量的守恒性质，同时又能很好地处理明渠水流中的间断水流情况。但将其应用于复杂地形和计算域时，仍会面临不规则边界拟合、干湿界面处理、通量误差及静水和谐性等问题。针对这些问题，国内外学者进行了大量的研究工作，在理论方面和数值计算方法方面都有较大的进展。

在浅水数学模型中，格式的和谐性至关重要。和谐性是指在初始时刻计算区域水位为常数且水流处于静止条件下，模型在任何时刻应该保持水位不变且流速为零。Zhou et al.（2001）提出了水位梯度法（SGM），以水位代替水深作为数据重构变量，并在此基础上给出了源项的中心差分格式，验证了该方法可以捕捉微小扰动以及适用于非恒定流；潘存鸿等（2003）提出了水位方程法（WLF），以准确黎曼解为基础，结合中心差分离散底坡项，建立了具有和谐性的一维非平底浅水流动数学模型；Valiani et al.（2006）针对控制方程中的地形源项提出散度近似结合水位梯度重构的方法，保证了模型的静水和谐性；George（2008）提出了镜像单元法，解决干湿界面处易产生虚假通量的问题，根据干湿交界面两侧的水位和河床高程重新确定黎曼问题左右两侧的初始间断值；Liang et al. (2009) 提出基于压力平衡的黎曼变量非负重构，以分裂隐格式离散摩阻源项，建立了时空二阶精度的和谐一维浅水数学模型；Liang (2010) 在二维浅水方程的基础上考虑对流输运方程，采用集成污染物对流数值通量的 HLLC 近似黎曼算子，建立了二维水流水质数学模型；Song et al. (2011) 基于斜底三角单元模型，采用非结构网格模拟在复杂地形下的浅水流动，通过半隐格式离散摩阻源项，保证格式的静水和谐性；Hou et al. (2013) 基于非结构网格提出一种有效的方法消除 MUSCL 数据重构过程中极浅水区域干湿界面处可能出现的非物理大流速，保证了模型的数值稳定性；Rogers et al. (2015) 提出了自动平衡通量梯度和源项的数学公式，采用 Roe 近似黎曼算子，建立了以层次四叉树网格为基础的二阶精度浅水数学模型，该模型可以模拟任意复杂地形下的浅水流动；Michel-Dansac et al. (2017) 通过研究与摩阻源项有关的稳定状态解决了极浅水及干湿转换的问题，推导了维持非负和满足和谐性的二阶精度数值格式。

## 1.4　植被水流研究

### 1.4.1　植被对水流的阻力研究

植被增加了河床粗糙度，引起河床的阻力增加，进而对水体中的动量和质量传输产生影响（Nepf et al.，2000；Nezu et al.，2008；槐文信等，2009；槐文信等，2011）。在植被存在的浅水流动中，植被引起的阻力要远大于河床底部粗糙引起的阻力。植被的存在占据了一定的水体空间，一定程度上减小了过水面积；植被对水流的扰动增加了水流的不均匀性，增加了水流阻力并导致水位壅高。植被水流的流动阻力大小与水生植被密度、挡水面积、植被高度以及植株韧性等因素有关。目前常用的植被流动阻力模型有两类。一类将植被看作是单一的个体，其对水流的阻碍等于各个体的阻碍作用的叠加，从而得到植被总体对水流的阻力（即拖曳力，为拖曳力系数与植被阻水面积和流速平方的乘积）。Fisher (2001) 提出，植被引起的阻力大小与植被分布类型、植被密度、阻水面积有关；Stone et al. (2002) 通过试验进行研究，在分析大量试验数据的基础上，提出了植被阻力与水深、植被密度、植被高度和直径的关系式，该公式没有考虑柔性植被的变形作用，只适用于刚性植被；Nepf (1999) 根据理论推导得到了不依赖传统经验公式的植被拖曳力计算公式，该公式形式简单、适用性强，被很多学者采用（Lee et al.，2004；Tanino et al.，2008）；Plew (2010) 提出了漂浮植被水流的平均水深拖曳力系数的分析解；Wang et al. (2015) 将淹没植被水流沿水深方向分为不同的水层，结合植被拖曳力公式、动量方程等对每层分别求解时均流速的解析解。Whittaker et al. (2015) 在刚性植被拖曳力公式基础上，提出了适用于柔性植被的拖曳力计算公式，公式考虑了柔性植被的弯曲程度等因素。

另一类考虑植被群落的影响。通过水槽试验及野外观测，获得不同植被水流条件下的流动阻力，阻力的大小可采用曼宁系数、谢才系数、达西沿程阻力系数以及剪切速度等表示。Ree et al. (1949) 通过分析试验数据，建立了植被等效曼宁系数与断面平均流速、水力半径的关系曲线图，该曲线因其简单、方便，在早期的工程设计中被广泛采用；Petryk et al.（1975）提出了植被影响下的曼宁系数计算公式，公式包含边壁糙率、植被拖曳力系数等参数；唐洪武等（2007）将植被阻力反映到河床的糙率上去，提出了一套计算植被明渠阻力的等效曼宁系数计算公式；袁梦等（2008）根据室内水槽试验数据，提出了适用于水葫芦等漂浮植被的经验水流阻力公式；槐文信等（2012）根据力的平衡理论提出了适用于刚性植被的等效曼宁系数公式，公式考虑了植被密度、高度以及二次流等因素。

## 1.4.2 植被水流数学模型研究

数学模型可以弥补室内水槽试验和野外试验的缺点，较为准确地获得整个计算区域的水动力和物质输移特征。如何通过数学模型精准模拟植被引起水流结构的改变是植被水流研究的一个难点。常用的植被水流数学模型包括雷诺平均模型、大涡模拟、$k-\varepsilon$ 紊流模型等。在植被水流数学模型中，植被阻力以外力项的形式加入到动量方程的源项中。López et al.（1998）将植被引起的阻力加入到动量方程中，提出了一个两方程的数学模型；张明亮等（2008）采用拖曳力方法和等效曼宁系数方法建立了植被水流二维数学模型，模拟了室内水槽中的刚性植被水流；Leu et al.（2008）采用二维水动力模型研究了不同岸边植被的面积、形状等对水流结构调整的影响；槐文信等（2016）基于建立的一维模型研究了植被对生态河道洪水波传播的影响；Zhao et al.（2016）采用三维数学模型模拟了植被斑对水动力特征的影响；Guan et al.（2017）建立了植被影响的二维水动力-泥沙耦合数学模型，研究植被-水流-河床改变的相互作用。

# 第2章 基本控制方程

## 2.1 一维浅水流动基本控制方程

### 2.1.1 圣维南方程组

1871 年由法国科学家圣维南（A. J. C. B. de Saint - Venant）提出的描述不规则断面天然河道一维非恒定浅水流动规律的守恒型圣维南方程向量形式如下：

$$\frac{\partial \boldsymbol{U}}{\partial t} + \frac{\partial \boldsymbol{F}(\boldsymbol{U})}{\partial x} = \boldsymbol{S} \tag{2.1}$$

式中：$t$ 为时间变量；$x$ 为沿着河道深泓线的坐标。

其中

$$
\begin{cases}
\boldsymbol{U} = \begin{bmatrix} A \\ Q \end{bmatrix} \\[2mm]
\boldsymbol{F} = \begin{bmatrix} Q \\ \dfrac{Q^2}{A} + g I_1 \end{bmatrix} \\[2mm]
\boldsymbol{S} = \begin{bmatrix} q_{in} \\ g A (S_b - S_f) + g I_2 \end{bmatrix} \\[2mm]
S_b = -\dfrac{\partial z_b}{\partial x} \\[2mm]
S_f = \dfrac{n^2 Q |Q|}{R^{4/3} A^2} \\[2mm]
R = \dfrac{A}{P}
\end{cases}
\tag{2.2}
$$

式中：$A$ 为过水断面面积；$Q$ 为流量；$q_{in}$ 为旁侧入流单宽流量，若不考虑旁侧入流，可设置为零；$g$ 为重力加速度；$S_b$ 为河床斜率，$z_b$ 为河床高程；$S_f$ 为沿程阻力损失；$n$ 为曼宁系数；$R$ 为水力半径；$P$ 为湿周；$I_1$ 为静力矩；$I_2$ 为侧压力。

为了分析控制方程的特征结构，可将圣维南方程组变换为准线性形式：

$$
\begin{cases}
\dfrac{\partial \boldsymbol{U}}{\partial t} + \boldsymbol{J} \dfrac{\partial \boldsymbol{U}}{\partial x} = 0 \\[3mm]
\boldsymbol{J} = \dfrac{\partial \boldsymbol{F}}{\partial \boldsymbol{U}} = \begin{bmatrix} 0 & 1 \\ c^2 - u^2 & 2u \end{bmatrix}
\end{cases}
\tag{2.3}
$$

式中：$U$ 为守恒变量；$J$ 为雅克比矩阵；$c$ 为浅水重力波波速；$u$ 为断面平均流速。

其中

$$
\begin{cases}
c = \sqrt{\dfrac{g\,\partial I_1}{\partial A}} = \sqrt{\dfrac{gA}{B}} \\[3mm]
u = \dfrac{Q}{A}
\end{cases}
\tag{2.4}
$$

式中：$B$ 为水面宽度。

黎曼问题的解与雅可比矩阵 $J$ 的特征结构息息相关。计算可知，雅可比矩阵 $J$ 的两个特征值 $\lambda_1 = u + c$ 和 $\lambda_2 = u - c$ 以及特征向量 $e_1 = [1, u+c]^{\mathrm{T}}$ 和 $e_2 = [1, u-c]^{\mathrm{T}}$，证明齐次圣维南方程是严格双曲的。考虑到源项的存在，而通量项并未改变，故非齐次圣维南方程仍是一个以特征值代表特征波速传播的双曲系统。

积分项 $gI_1$ 和 $gI_2$ 分别代表静水压力和由纵向宽度变化引起的侧压力，表达式如下：

$$
\begin{cases}
gI_1 = g\displaystyle\int_0^h (h - z)\, b(x, z)\,\mathrm{d}z \\[4mm]
gI_2 = g\displaystyle\int_0^h (h - z)\, \dfrac{\partial b(x, z)}{\partial x}\,\mathrm{d}z
\end{cases}
\tag{2.5}
$$

式中：$h$ 为断面水深；$b(x, z)$ 为水面宽度；$z$ 为沿水深方向的积分变量，如图 2.1 所示。

Cunge et al. (1980) 依据莱布尼兹积分法则对 $I_1$ 进行推导变换，得

$$
g\,\frac{\partial I_1}{\partial x} = gA\,\frac{\partial h}{\partial x} + gI_2
\tag{2.6}
$$

根据积分项 $I_1$ 与 $I_2$ 的关系式（2.6），侧压力 $gI_2$ 与地形源项 $gAS_b$ 之和为

$$
g(I_2 + AS_b) = g\left( \frac{\partial I_1}{\partial x} - A\,\frac{\partial h}{\partial x} + AS_b \right) = g\left( \frac{\partial I_1}{\partial x} - A\,\frac{\partial \eta}{\partial x} \right) = g\,\frac{\partial I_1}{\partial x}\bigg|_{\bar{\eta}}
\tag{2.7}
$$

式中：$\dfrac{\partial I_1}{\partial x}\bigg|_{\bar{\eta}}$ 为将水位视为常数时静力矩 $I_1$ 对距离 $x$ 的导数。

求解过水断面面积 $A$ 对时间 $t$ 的导数，由于河床是不随时间变化的，即 $\partial z_b / \partial t = 0$，可得

$$
\frac{\partial A}{\partial t} = \frac{\partial A}{\partial h}\frac{\partial h}{\partial t} = B\,\frac{\partial h}{\partial t} = B\,\frac{\partial \eta}{\partial t}
\tag{2.8}
$$

因此，可将连续方程中的过水断面面积替换为水位 $\eta$，即圣维南方程改写为

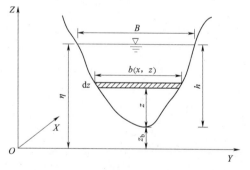

图 2.1 具有不规则断面形状的天然河道示意图

$$
D\,\frac{\partial U}{\partial t} + \frac{\partial F}{\partial x} = S
\tag{2.9}
$$

其中

$$\begin{cases} \boldsymbol{D} = \begin{bmatrix} B & 0 \\ 0 & 1 \end{bmatrix} \\[2mm] \boldsymbol{U} = \begin{bmatrix} \eta \\ Q \end{bmatrix} \\[2mm] \boldsymbol{F} = \begin{bmatrix} Q \\ \dfrac{Q^2}{A} + gI_1 \end{bmatrix} \\[4mm] \boldsymbol{S} = \begin{bmatrix} 0 \\ -gAS_{\mathrm{f}} + g\left.\dfrac{\partial I_1}{\partial x}\right|_{\bar{\eta}} \end{bmatrix} \end{cases} \tag{2.10}$$

由于 $S_{\mathrm{b}}$ 定义为相邻两断面深泓点的斜率，因此当处理复杂而陡峭的天然河道时，有可能错误地计算有效重力分量，而改写的圣维南方程很好地避开了对地形源项采用不理想的离散方法所引起的刚性问题。

## 2.1.2　静水压力项

正确完整地计算各种断面形状下的静水压力 $gI_1$ 是计算的关键问题之一。故这部分讨论 4 种规则断面渠道以及具有任意不规则断面形状的天然河道下的静力矩 $I_1$ 的计算。

### 2.1.2.1　4 种规则断面渠道

4 种典型规则断面渠道如图 2.2 所示，具体的静力矩计算见表 2.1。

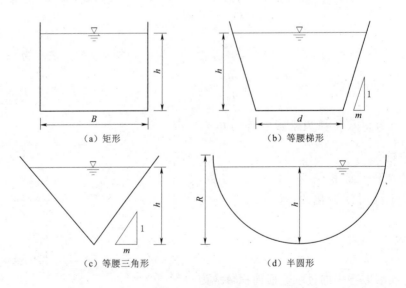

图 2.2　4 种典型规则断面渠道示意图

### 2.1.2.2　具有任意不规则断面形状的天然河道

对于具有任意不规则断面形状的天然河道（图 2.1），静力矩 $I_1$ 并没有一个非积分的解析表达式。这里，采用复化 Simpson 公式进行求解。

表 2.1                 4 种典型规则断面渠道的静力矩 $I_1$

| 断面形状 | 静力矩 $I_1$ |
|---|---|
| 矩形 | $\dfrac{Bh^2}{2}$ |
| 等腰三角形 | $\dfrac{mh^3}{3}$ |
| 等腰梯形 | $\dfrac{dh^2}{2}+\dfrac{mh^3}{3}$ |
| 半圆形 | $\dfrac{2R^3}{3}\left[\dfrac{\sqrt{R^2-(R-h)^2}}{R}\right]^3+(h-R)R^2\left[\arccos\left(\dfrac{R-h}{R}\right)-\dfrac{(R-h)\sqrt{R^2-(R-h)^2}}{R^2}\right]$ |

设 $f(z)$ 在区间 $[a,b]$ 上有四阶连续导数，取 $2n+1$ 个等距节点，即 $z_t=a+tl$；$t=0,1,\cdots,2n$；$l=(b-a)/(2n)$；在每个子区间 $[z_{2i-2},z_{2i}]$ $(i=1,2,\cdots,n)$ 上的积分使用 Simpson 公式（忽略截断误差）：

$$\int_{z_{2i-2}}^{z_{2i}}f(z)\mathrm{d}z=\frac{l}{3}\big[f(z_{2i-2})+4f(z_{2i-1})+f(z_{2i})\big] \tag{2.11}$$

累加可得复化 Simpson 公式：

$$\int_a^b f(z)\mathrm{d}z=\sum_{i=1}^{n}\frac{l}{3}\big[f(z_{2i-2})+4f(z_{2i-1})+f(z_{2i})\big] \tag{2.12}$$

根据式 (2.12)，令 $a=0$，$b=h$，$f(z)=(h-z)b(x,z)$，静力矩 $I_1$ 的计算式为

$$I_1=\frac{h}{6n}\left[f(0)+4\sum_{i=1}^{n}f\left(\frac{2i-1}{2n}h\right)+2\sum_{i=1}^{n-1}f\left(\frac{i}{n}h\right)+f(h)\right] \tag{2.13}$$

对于规则断面来说，可选择相应的解析解求解静力矩 $I_1$；对于天然河道下的不规则断面来说，选择复化 Simpson 公式求解静力矩 $I_1$。

## 2.2 二维浅水流动基本控制方程

### 2.2.1 控制方程组

考虑植被因素，守恒形式的二维浅水流动基本控制方程包括连续性方程和 $x$、$y$ 方向上的动量方程，可以表示为如下形式：

$$\frac{\partial \boldsymbol{U}}{\partial t}+\frac{\partial \boldsymbol{F}}{\partial x}+\frac{\partial \boldsymbol{G}}{\partial y}=\boldsymbol{Q}_{\mathrm{L}}+\boldsymbol{S}_{\mathrm{zb}}+\boldsymbol{S}_{\mathrm{turb}}+\boldsymbol{S}_{\mathrm{fric}}+\boldsymbol{S}_{\mathrm{vege}}+\boldsymbol{S}_{\mathrm{wind}}+\boldsymbol{S}_{\mathrm{cori}} \tag{2.14}$$

式中：$t$ 为时间变量；$x$ 和 $y$ 为笛卡尔坐标；$\boldsymbol{U}$ 为守恒变量；$\boldsymbol{F}$、$\boldsymbol{G}$ 为通量向量；$\boldsymbol{Q}_{\mathrm{L}}$ 为旁侧入流；$\boldsymbol{S}_{\mathrm{zb}}$ 为地形变化引起的底坡；$\boldsymbol{S}_{\mathrm{turb}}$ 为紊动阻力；$\boldsymbol{S}_{\mathrm{fric}}$ 为河床摩阻；$\boldsymbol{S}_{\mathrm{vege}}$ 为植被引起的外力；$\boldsymbol{S}_{\mathrm{wind}}$ 为风应力；$\boldsymbol{S}_{\mathrm{cori}}$ 为地球自转引起的柯氏力。

其中

$$
\begin{cases}
\boldsymbol{U} = \begin{bmatrix} \eta \\ q_x \\ q_y \end{bmatrix} \\[4mm]
\boldsymbol{F} = \begin{bmatrix} q_x \\[2mm] \dfrac{q_x^2}{h} + \dfrac{1}{2}g\left(\eta^2 - 2\eta z_b\right) \\[2mm] q_y \end{bmatrix} \\[8mm]
\boldsymbol{G} = \begin{bmatrix} q_y \\[1mm] q_x \\[2mm] \dfrac{q_y^2}{h} + \dfrac{1}{2}g\left(\eta^2 - 2\eta z_b\right) \end{bmatrix} \\[8mm]
\eta = h + z_b \\
q_x = hu \\
q_y = hv
\end{cases}
\tag{2.15}
$$

式中：$g$ 为地球引起的重力加速度；$h$ 为水深；$z_b$ 为河床地形高程；$\eta$ 为水位；$u$、$v$ 分别为 $x$、$y$ 方向上的流速分量；$q_x$ 为 $x$ 方向上的单宽流量；$q_y$ 为 $y$ 方向上的单宽流量。

$$
\begin{cases}
\boldsymbol{Q}_L = \begin{bmatrix} q_1 \\ 0 \\ 0 \end{bmatrix} \\[4mm]
\boldsymbol{S}_{\text{cori}} = \begin{bmatrix} 0 \\ 2\omega v \sin\theta \\ -2\omega u \sin\theta \end{bmatrix} \\[6mm]
\boldsymbol{S}_{\text{zb}} = \begin{bmatrix} 0 \\[2mm] -g\eta \dfrac{\partial z_b}{\partial x} \\[3mm] -g\eta \dfrac{\partial z_b}{\partial y} \end{bmatrix} \\[8mm]
\boldsymbol{S}_{\text{fric}} = \begin{bmatrix} 0 \\[2mm] -\dfrac{g n_b^2}{h^{1/3}} u \sqrt{u^2 + v^2} \\[3mm] -\dfrac{g n_b^2}{h^{1/3}} v \sqrt{u^2 + v^2} \end{bmatrix} \\[8mm]
\boldsymbol{S}_{\text{wind}} = \begin{bmatrix} 0 \\[2mm] C_w \dfrac{\rho_a}{\rho} |W_\alpha| W_\alpha \cos\alpha \\[3mm] C_w \dfrac{\rho_a}{\rho} |W_\alpha| W_\alpha \sin\alpha \end{bmatrix}
\end{cases}
\tag{2.16}
$$

式中：$q_1$ 为单位宽度上的旁侧入流；$n_b$ 为河床曼宁系数；$\omega$ 为地球自转角速度；$C_w$ 为风应力拖曳力系数；$\rho_a$ 为空气宽度；$\rho$ 为水密度；$W_a$ 为风速；$\alpha$ 为风速与 $x$ 方向的夹角。

采用零方程模型对紊动阻力 $\boldsymbol{S}_{turb}$ 进行计算：

$$\begin{cases} \boldsymbol{S}_{turb} = \begin{bmatrix} 0 \\ \dfrac{\partial(hT_{xx})}{\partial x} + \dfrac{\partial(hT_{yx})}{\partial y} \\ \dfrac{\partial(hT_{xy})}{\partial x} + \dfrac{\partial(hT_{yy})}{\partial y} \\ 0 \end{bmatrix} \\ T_{xx} = 2v_t \dfrac{\partial u}{\partial x} \\ T_{xy} = T_{yx} = v_t \left( \dfrac{\partial u}{\partial y} + \dfrac{\partial v}{\partial x} \right) \\ T_{yy} = 2v_t \dfrac{\partial v}{\partial y} \\ v_t = 0.5hU^* \\ U^* = [c_f(U^2 + V^2)]^{1/2} \\ c_f = gn_b^2/h^{1/3} \end{cases} \tag{2.17}$$

$$\boldsymbol{S}_{vege} = \begin{bmatrix} 0 \\ -\dfrac{F_{vx}}{\rho} \\ -\dfrac{F_{vy}}{\rho} \end{bmatrix} \tag{2.18}$$

式中：$F_{vx}$、$F_{vy}$ 分别为 $x$、$y$ 方向上植被引起的外力。

描述水质变量迁移转化的控制方程为二维浅水对流扩散方程，其守恒形式如下：

$$\frac{\partial hc}{\partial t} + \frac{\partial huc}{\partial x} + \frac{\partial hvc}{\partial y} = \frac{\partial}{\partial x}\left(D_x h \frac{\partial c}{\partial x}\right) + \frac{\partial}{\partial y}\left(D_y h \frac{\partial c}{\partial y}\right) + hS_k + S_d \tag{2.19}$$

式中：$c$ 为水质变量浓度，mg/L；$D_x$、$D_y$ 分别为水质变量在 $x$、$y$ 方向的扩散系数；$S_d$ 为水质源汇项，mg/(m²·d)；$S_k$ 为与水质浓度相关的生化反应源项，mg/(L·d)。

不同水质变量对应不同的对流扩散方程。

## 2.2.2 不同植被类型的阻力概化方法

水生植物根据不同的划分方式可以划分为不同的类型，例如：根据植被的刚度，可以分为刚性（挺水）植被和柔性植被；根据植被在河道中的生长位置，可以分为漂浮植被（浮水植物）和河床植被（生长在河床）；根据植被高度与水深的相对关系，可以分为淹没植被和非淹没植被。刚性植被指在水流作用下不会出现弯曲变形的植物，柔性植被多为在水流作用下可能发生变形倒伏的草本和灌木植物。针对植被额外引起的外力，一种处理方法是根据圆柱绕流，以拖曳力表示，简称拖曳力法；另一种处理方法是将植被群视为附加的床面粗糙，采用等效曼宁系数表示，等效曼宁系数与植被的密度、高度等因素有关，简称等效曼宁系数法。

#### 2.2.2.1 刚性植被

1. 拖曳力法

生长在河床上的刚性（挺水）植被往往占有一定的过水面积，对水流结构有显著的影响，流速分布形式见图 2.3。将植株看作圆柱体，利用圆柱绕流阻力理论：当水流流经圆柱群时，圆柱群会对水流产生一个阻碍水流流动的力，这就是圆柱绕流阻力（图 2.4）。现有水力学理论认为，圆柱绕流阻力产生的，主要原因有两个：①绕流流体有黏性特性，流体与圆柱之间会产生摩擦阻力；②流体的黏性导致桩柱前后动水压力不同，产生压差（或压强）阻力。圆柱绕流阻力是摩擦阻力与压差阻力之总和，其中压差阻力为主要的作用力。

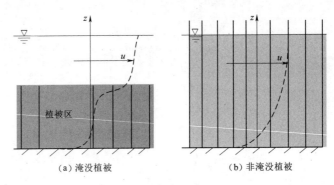

（a）淹没植被          （b）非淹没植被

图 2.3　刚性植被垂向流速分布

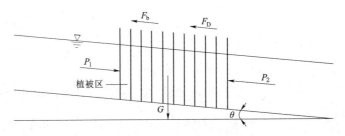

图 2.4　植被区水体受力示意图

$F_b$—河道底部剪切力；$F_D$—植被对水体的阻力；$P_1$、$P_2$—上、下游动水压力；$G$—重力；$\theta$—底坡坡角

常用的基于拖曳力系数的拖曳力绕流阻力表达式为

$$\boldsymbol{F}_v = \frac{1}{2}\rho\lambda C_d h |\boldsymbol{U}_C|\boldsymbol{U}_C \tag{2.20}$$

式中：$C_d$ 为拖曳力系数；$\lambda$ 为单位体积水体中植被的挡水面积；$\boldsymbol{U}_C$ 为植被层的水深平均流速。

在 $x$、$y$ 方向上，刚性植被引起的拖曳力表达式分别为

$$\begin{cases} F_{vx} = \dfrac{1}{2}\rho\lambda C_d h u_c \sqrt{u_c^2 + v_c^2} \\[2mm] F_{vy} = \dfrac{1}{2}\rho\lambda C_d h v_c \sqrt{u_c^2 + v_c^2} \end{cases} \tag{2.21}$$

式中：$u_c$、$v_c$ 分别为 $x$、$y$ 方向上的植被层的水深平均流速。

在非淹没状态下 $U = U_C$；在淹没状态下，采用 Stone et al.（2002）提出的计算公式计算：

$$U_C = \eta U \sqrt{\frac{h_v}{h}} \qquad (2.22)$$

式中：$\eta$ 为流速校正系数，约为 1.0；$h_v$ 为刚性植株的高度；$U$ 为整个水体的水深平均流速。

单位体积水体中植被的挡水面积 $\lambda$ 的计算公式为

$$\lambda = \frac{4\alpha_v V_d}{\pi d_v} \qquad (2.23)$$

式中：$\alpha_v$ 为植被形状系数，当植株为圆柱体时，$\alpha_v = 1.0$；$V_d$ 为在植被区域植被体积占整个水体的百分比；$d_v$ 为植株圆柱体直径。

植被拖曳力系数 $C_d$ 是水流作用于植株上的额外阻力对植株在水流运动方向上的投影面积与流体动压力乘积的比值，为无量纲量。植被拖曳力系数对认识和计算植被引起的拖曳力有重要意义。Lindner（1982）在 Li et al.（1973）研究的基础上进行了拓展，针对圆柱桩柱进行了试验研究，推导出计算拖曳力系数 $C_d$ 的经验公式：

$$C_d = \left(1 + 1.9 \frac{d}{a_y} C_{d\infty}\right)\left[0.2025\left(\frac{a_x}{d}\right)^{0.46} C_{d\infty}\right] + \left(\frac{2a_y}{a_y - d} - 2\right) \qquad (2.24)$$

式中：$a_x$、$a_y$ 分别为植被分布纵向、横向间距；$C_{d\infty}$ 为理想二维流动中的单桩阻力系数。

式（2.24）右侧两项分别表示自由液面效应和阻滞效应。Kothyari et al.（2009）根据试验测量的缓流和急流的水力条件数据，得到挺水桩柱群的拖曳力系数计算公式：

$$\begin{cases} C_d = 1.8\xi Re^{-0.06}\left[1 + 0.45\ln(1 + 100c)\right](0.8 + 0.2Fr - 0.15F^2r) \\ c = \dfrac{N_v \pi d^2}{4} \end{cases} \qquad (2.25)$$

式中：$\xi$ 为桩柱群排列形式参数，当排列形式为对方形交错排列时，$\xi = 0.8$，当排列形式为三角形分布时，$\xi = 1$；$c$ 为桩柱群的面积密度，定义为桩柱群中单位床面面积的桩柱截面面积；$N_v$ 为相对桩柱群数量（单位面积上的桩柱数量），$\text{m}^{-2}$。

此公式适用于恒定（或准恒定）流和均匀（或准均匀）流动条件。Tsihrintzis et al.（2001）在前人试验数据基础上，考虑了植物的生物力学特性 $k$ 和植物的多孔性 $\gamma$，提出淹没、非淹没植被桩群的拖曳力系数公式：

$$C_d = \gamma Re^{-k} \qquad (2.26)$$

在恒定（准恒定）均匀（准均匀）流动条件下，Tanino et al.（2008）综合考虑雷诺数和桩群密度，推导出流动条件下刚性圆柱体的拖曳力系数公式：

$$C_d = 2\left(\frac{a_0}{R_p} + \alpha_1\right) \quad (30 \leqslant R_p \leqslant 700) \qquad (2.27)$$

其中：$\alpha_1 = 0.46 + 3.8c$；$\alpha_0 = 5 + 313.17c$；$R_p$ 为圆柱雷诺数。Wang et al.（2014）通过试验得到了描述缓流中拖曳力系数 $C_d$ 和 $Re_v$ 关系的最佳拟合函数：

$$\begin{cases} C_d = \dfrac{90}{Re_v^{0.5}} + 0.45\dfrac{d}{h} - 0.303\ln c - 0.9 \\[3mm] Re_v = \dfrac{(1-c)Uh}{\upsilon} \end{cases} \tag{2.28}$$

式中：$Re_v$ 为与雷诺数相似的一个参数；$\upsilon$ 为运动黏滞系数。

Liu et al. (2016) 利用量纲分析法和多参数回归分析方法处理数据，给出了缓流情况下基于无量纲影响系数的拖曳力系数经验估计式：

$$C_d = 5.6Re^{-0.176}(-0.2\ln c + 0.04)(0.23h_* + 0.8) \quad (0.1 < Fr < 1.0) \tag{2.29}$$

$$C_d = \frac{4.8Re^{-0.176}(-0.2\ln c + 0.04)(0.19h_* + 0.67)}{Fr^{0.48}} \quad (0 < Fr < 0.1) \tag{2.30}$$

式中：$h_*$ 为相对淹没深度，$h_* = h_v/h$。

上述拖曳力公式都是在考虑桩群拖曳力的影响因素基础上直接计算桩群中的拖曳力系数。为了简化计算，在浅水数学模型中，拖曳力系数常常取为一个常数，范围在 0.8～3.5 之间。

2. 等效曼宁系数法

床面切应力计算公式 (Leu et al., 2008) 为

$$\boldsymbol{\tau}_b = \rho(1-c)c_f \boldsymbol{U}|\boldsymbol{U}| = \frac{\rho(1-c)\boldsymbol{U}|\boldsymbol{U}|gh_b^2}{h^{1/3}} \tag{2.31}$$

其中：$c = c_v \min(h, h_v)/h$，为植被密度；$c_v$ 为植被层体积与水体积之比。植被引起的单位体积上的拖曳力为

$$\boldsymbol{f}_v = \frac{2c}{\pi d}C_d\rho\alpha_v|\boldsymbol{U}_C|\boldsymbol{U}_C \tag{2.32}$$

在非淹没状态下 $\boldsymbol{U} = \boldsymbol{U}_C$；在淹没状态下，采用式 (2.22) 计算 $\boldsymbol{U}_C$，则

$$\boldsymbol{F}_v = \boldsymbol{f}_v h = \frac{2c}{\pi d}C_d\rho\alpha_v\boldsymbol{U}|\boldsymbol{U}|\min(h, h_v) \tag{2.33}$$

采用唐洪武等 (2007) 推导出的摩擦阻力一般表达式，可得植被区的等效阻力

$$\boldsymbol{\tau}_{bv} = \frac{\rho g n_v^2 \boldsymbol{U}|\boldsymbol{U}|}{h^{1/3}} \tag{2.34}$$

由力的等效原理

$$\boldsymbol{\tau}_{bv} = \boldsymbol{F}_v + \boldsymbol{\tau}_b \tag{2.35}$$

可得基于渠道完全植被覆盖的等效曼宁系数表达式：

$$n_v = \sqrt{1 - c^2 + \frac{2C_d\alpha_v\eta^2 c\min(h, h_v)h^{1/3}}{g\pi d}} \tag{2.36}$$

对于部分植被覆盖的渠道，因植被区与非植被区交界处复杂的动量质量交换，其水流结构较为复杂，对植被区水流受到的阻力产生影响，体现在拖曳力系数 $C_d$ 上 (Ervine et al., 2000)。植被区与非植被区会形成二次流，使其周围的流速增加，将二次流对植被区的等效阻力的影响作为单独一项考虑，引入二次流附加阻力影响系数 $k$，式 (2.36)（槐文信等，2012）修正为

$$n_v = (1+k)\sqrt{1-c^2+\frac{2C_d\alpha_v\eta^2 c\min(h,h_v)h^{1/3}}{g\pi d}} \qquad (2.37)$$

$k$ 表征二次流引起的等效附加阻力的影响，与渠道断面形状、河床（漫滩和主滩）糙率等因素有关。对于不同的断面形状尺寸，$k$ 取值不同，在一定的范围内变化。对于部分植被覆盖的矩形渠道，$k=0\sim0.3$；对于部分植被覆盖的复式断面渠道，$k=-0.4\sim0$。式（2.37）适用于淹没和非淹没刚性植被覆盖的植被区渠道的等效曼宁系数的计算。在水体中随水流摆动幅度相对很小的柔性植被的等效曼宁系数也可以采用式（2.37）计算。

#### 2.2.2.2 柔性植被

柔性植被是天然河道湖泊中常见的植被类型。对于生长在河床底部或者边滩上的低矮柔性植物，例如水草，其垂向流速分布如图 2.5 所示，具有以下特点：植被高度相对于水深很小，几乎不占有过水面积，对水流结构几乎没有影响。对此类柔性植被的处理方法是将其对水流的阻力影响和河床曼宁系数综合概化为综合阻力系数。

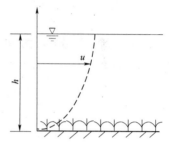

图 2.5　低矮柔性植物
垂向流速分布

天然水体中的芦苇等有茎秆的柔性植被，植株高度相对于水深较高，并且占有一定的过水断面面积，对水流结构的影响较大，尤其是植株冠层在水流的作用下摆动会影响漩涡的发展。Whittaker et al.（2015）根据刚性植被拖曳力的相关原理，考虑柔性植被的抗弯刚度、弯曲度等因素，推导出了适用于柔性植被的拖曳力表达式：

$$\boldsymbol{F}_v = \frac{1}{2}\rho C_d A_p Ca^{\psi/2}h\,|\boldsymbol{U}_C|\boldsymbol{U}_C \qquad (2.38)$$

式中：$A_p$ 为植被垂直与水流方向的挡水面积；$\psi$ 为植被柔性度的参数，取值 $-1\sim0$；$Ca$ 为柯西数。

$$Ca = \frac{\rho U_C^2 A_p H^2}{EI} \qquad (2.39)$$

式中：$H$ 为植株未弯折时的高度；$EI$ 为柔性植株的抗弯刚度。

#### 2.2.2.3 漂浮植被

漂浮植被在河湖水系中也很常见，其中比较有代表性的是水葫芦。水葫芦作为一种常见的水生漂浮植被，普遍存在于大小河塘、江河、湖泊等自然水体中。水体中水葫芦大量繁殖形成绝对优势物种后，水体中的溶解氧含量会降低，其他水生动植物的栖息环境质量下降，水体生态系统遭到破坏，水质恶化严重。水葫芦作为一种漂浮植被，大面积地漂浮在水面上，会形成附加阻力，使得水流受阻，水位壅高；同时水葫芦的存在阻碍了水流，表层水流流速的动能被消耗，表层流速减小，河道底部流速增加，使流速沿垂线重新分布，水流结构产生调整。很多学者将水葫芦引起的河道阻力系数概化为等效河道曼宁系数，考虑了水力条件、水葫芦特性等因素，提出了预测水葫芦引起的等效曼宁系数的公式（叶一隆等，2005；朱红钧，2007；袁梦，2008）。袁梦（2008）根据大量试验数据拟合了水葫芦覆盖后河道的曼宁系数公式，如下：

$$\begin{cases} \dfrac{n_{\mathrm{v}}}{n_{\mathrm{b}}} = -1.2598 \ln Re + 14.455 \\ n_{\mathrm{v}} = n_{\mathrm{b}} + n_{\mathrm{s}} \end{cases} \tag{2.40}$$

式中：$n_{\mathrm{v}}$ 为河道总的曼宁系数；$n_{\mathrm{b}}$、$n_{\mathrm{s}}$ 分别为河床曼宁系数和水葫芦引起的曼宁系数。

由式（2.40）可见，水葫芦引起的河道总的曼宁系数大小随水流雷诺数变化而变化。

同时，袁梦（2008）利用动量定理以及力的平衡方程推导出水葫芦覆盖后引起的曼宁系数计算公式：

$$\begin{cases} n_{\mathrm{s}}^2 = \delta \dfrac{d}{v^2} i R^{1/3} \\ v = \dfrac{1}{n_{\mathrm{b}}} i^{1/2} R^{2/3} \end{cases} \tag{2.41}$$

式中：$\delta$ 为修正系数；$d$ 为水葫芦根部长度；$v$ 为断面平均流速；$i$ 为河道底坡坡度；$R$ 为水力半径。

# 第3章 基于 Godunov 型有限体积法的数值解法

本章构建了以和谐二维浅水方程为基础的高精度数学模型。模型以有限体积 Godunov 格式作为框架，空间和时间上分别采用具有二阶精度的 MUSCL（monotone upstream - centered schemes for conservation laws）线性重构方法和二阶龙格库塔（Runge - Kutta）方法离散和谐二维浅水方程，并结合具有 TVD（total variation diminishing）特性的 Min-mod 斜率限制器保证模型的数值稳定性，避免在间断处或大梯度解附近产生非物理的虚假振荡；运用 HLLC 近似黎曼算子计算对流通量，可以有效处理干湿界面问题并自动满足熵条件；由于模型以和谐二维浅水方程作为控制方程，故直接采用中心差分计算紊流涡黏项和地形源项即可保证格式的静水和谐性；考虑到强不规则地形条件下摩阻源项可能引起的刚性问题，故采用半隐式格式离散摩阻源项，该半隐式格式既能有效减小流速值且不改变流速分量方向，还能避免小水深引起的非物理大流速问题，有利于保证计算的稳定性；给出了常见边界（如固壁边界、自由出流开边界、单宽流量开边界、水位开边界等）条件的数值方法；通过 CFL（Courant - Friedrichs - Lewy）稳定条件给出了显式数学模型的自适应时间步长。

## 3.1 有限体积 Godunov 格式

1959 年俄罗斯科学家 Godunov 首次提出通过构造黎曼问题求解描述气体运动的双曲守恒型欧拉方程的格式，使计算流体力学得到了革命性突破。该格式利用双曲型偏微分方程最本质的特性，即波的传播信息，构建数值格式。通过求解局部黎曼问题，克服了用早期数值方法模拟可压缩流体时可能面临的诸多难题。将这类利用黎曼解求解双曲型偏微分方程的格式统称为 Godunov 格式。

对于任意控制体 $\Omega$，采用有限体积 Godunov 格式对控制方程进行积分得

$$\frac{\partial}{\partial t}\int_{\Omega}\boldsymbol{U}\mathrm{d}\Omega + \int_{\Omega}\left(\frac{\partial\boldsymbol{F}}{\partial x}+\frac{\partial\boldsymbol{G}}{\partial y}\right)\mathrm{d}\Omega = \int_{\Omega}\boldsymbol{S}\mathrm{d}\Omega \tag{3.1}$$

运用格林公式将式（3.1）中的对流通量梯度项由控制体的面积分转化为沿其边界的线积分，可得

$$\begin{cases} \dfrac{\partial}{\partial t}\displaystyle\int_{\Omega}\boldsymbol{U}\mathrm{d}\Omega + \oint_{l}\boldsymbol{H}\cdot\boldsymbol{n}\mathrm{d}l = \int_{\Omega}\boldsymbol{S}\mathrm{d}\Omega \\ \boldsymbol{H} = [\boldsymbol{F},\boldsymbol{G}]^{\mathrm{T}} \end{cases} \tag{3.2}$$

式中：$l$ 为控制体 $\Omega$ 的边界；$\boldsymbol{n}$ 为边界 $l$ 的外法向单位向量；$\mathrm{d}\Omega$、$\mathrm{d}l$ 分别为面积微元和线

微元；$H$ 为对流通量张量。

如图 3.1 所示为考虑笛卡儿直角坐标系的结构网格，式（3.2）中对流通量张量的线积分可进一步展开为

$$\oint_l \boldsymbol{H} \cdot \boldsymbol{n} \,\mathrm{d}l = (\boldsymbol{F}_{\mathrm{E}} - \boldsymbol{F}_{\mathrm{W}})\Delta y + (\boldsymbol{G}_{\mathrm{N}} - \boldsymbol{G}_{\mathrm{S}})\Delta x \tag{3.3}$$

式中：$\Delta x$、$\Delta y$ 分别为网格在 $x$、$y$ 方向的尺寸；$\boldsymbol{F}_{\mathrm{E}}$、$\boldsymbol{F}_{\mathrm{W}}$、$\boldsymbol{G}_{\mathrm{N}}$、$\boldsymbol{G}_{\mathrm{S}}$ 分别为网格东、西、北、南界面四个方向的对流数值通量。

定义 $\boldsymbol{U}_{i,j}$ 为 $\boldsymbol{U}$ 在控制体 $\Omega_{i,j}$ 内的平均值：

$$U_{i,j} = \frac{1}{\Omega_{i,j}} \int_{\Omega_{i,j}} \boldsymbol{U} \,\mathrm{d}\Omega = \frac{1}{\Delta x \Delta y} \int_{\Omega_{i,j}} U \,\mathrm{d}\Omega \tag{3.4}$$

由式（3.1）～式（3.4）可得，和谐二维浅水方程的时间显式离散形式为

$$\boldsymbol{U}_{i,j}^{n+1} = \boldsymbol{U}_{i,j}^{n} - \frac{\Delta t}{\Delta x}(\boldsymbol{F}_{\mathrm{E}} - \boldsymbol{F}_{\mathrm{W}}) - \frac{\Delta t}{\Delta y}(\boldsymbol{G}_{\mathrm{N}} - \boldsymbol{G}_{\mathrm{S}}) + \Delta t \boldsymbol{S}_{i,j} \tag{3.5}$$

式中：$n$ 为时间层；$i$ 和 $j$ 为网格序号；$\Delta t$ 为时间步长。

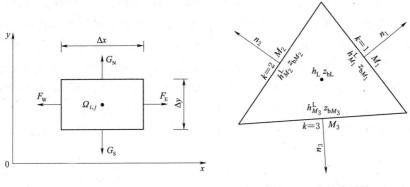

图 3.1　结构网格　　　　　图 3.2　非结构网格

对于非结构网格，以三角形网格为例（图 3.2），将控制方程转化为网格中的积分形式，如下：

$$\int_\Omega \frac{\partial \boldsymbol{U}}{\partial t}\,\mathrm{d}\Omega + \int_\Omega \left(\frac{\partial \boldsymbol{F}}{\partial x} + \frac{\partial \boldsymbol{G}}{\partial y}\right)\mathrm{d}\Omega = \int_\Omega \boldsymbol{S}\,\mathrm{d}\Omega \tag{3.6}$$

采用高斯散度定理，将方程（3.6）转换为如下：

$$\int_\Omega \frac{\partial \boldsymbol{U}}{\partial t}\,\mathrm{d}\Omega + \oint_\Gamma (\boldsymbol{F} \cdot \boldsymbol{n} + \boldsymbol{G} \cdot \boldsymbol{n})\mathrm{d}\Gamma = \int_\Omega \boldsymbol{S}\,\mathrm{d}\Omega \tag{3.7}$$

式中：$\Omega$ 为控制体面积，$\mathrm{d}\Omega = \mathrm{d}x\mathrm{d}y$，$\mathrm{d}x$、$\mathrm{d}y$ 分别为 $x$、$y$ 方向的网格间距；$\boldsymbol{F}$，$\boldsymbol{G}$ 为网格边界的通量向量，为了简化表示，用 $\boldsymbol{S}$ 指控制方程中的各项源项；$\Gamma$ 为控制单元边界；$\boldsymbol{n}$ 为控制边界的单位外法向量，可以表示为 $(n_x, n_y)^{\mathrm{T}}$；$\boldsymbol{F} \cdot \boldsymbol{n}$ 和 $\boldsymbol{G} \cdot \boldsymbol{n}$ 为控制单元边界的法向数值通量。

在剖分的三角形网格内进行离散，可以得到如下的离散方程：

$$\Omega_i \frac{\mathrm{d}\boldsymbol{U}_i}{\mathrm{d}t} = -\sum_{k=1}^{3} (\boldsymbol{F} \cdot \boldsymbol{n} + \boldsymbol{G} \cdot \boldsymbol{n}) \cdot L_{i,k} + \Omega_i \boldsymbol{S}_i \tag{3.8}$$

式中：$i$ 为单元编号；$k$ 为网格的边界编号；$L$ 为对应边的长度。

将式（3.8）左边对时间的导数进行向前差分，并将 $\boldsymbol{F}$ 和 $\boldsymbol{G}$ 在法向的投影代入方程（3.8），得到数学模型中更新变量的方程：

$$\boldsymbol{U}_i^{n+1} = \boldsymbol{U}_i^n - \frac{\Delta t}{\Omega_i} \sum_{k=1}^{3} T_{n,i,k}^{-1} E(\hat{\boldsymbol{U}}_i) L_{i,k} + \boldsymbol{S}_i \Delta t \tag{3.9}$$

其中

$$\hat{\boldsymbol{U}} = \begin{bmatrix} h \\ hu_\perp \\ hu_{/\!/} \end{bmatrix}, \quad T_n^{-1} E(\hat{\boldsymbol{U}}) = \begin{bmatrix} hu_\perp \\ huu_\perp + \dfrac{1}{2} gh^2 n_x \\ hvu_\perp + \dfrac{1}{2} gh^2 n_y \end{bmatrix} \tag{3.10}$$

式中：$u_\perp = un_x + vn_y$，为控制边界的法向流速；$u_{/\!/} = -un_y + vn_x$，为控制边界的切向流速。

## 3.2 高分辨率格式构造

尽管 Godunov 迎风格式具有计算稳定和简单可行的优点，但由于其在时空上仅为一阶精度，存在较大的数值耗散。对水流数值模拟来说，一阶精度的计算格式基本能满足工程实际的应用。但是，对于溶质运移或者水质模拟研究而言，一阶格式的较大数值耗散可能会导致计算结果失真。故本书采用二阶龙格库塔法和 MUSCL 数据重构保证模型时空上的二阶精度。

### 3.2.1 二阶龙格库塔法

在浅水方程数值求解过程中，为了提高模型的时间精度，时间上的离散可采用龙格库塔法（Liang et al.，2009；Song et al.，2011）、MUSCL - Hancock 预测校正法（Liang et al.，2009；毕胜，2014）等格式。从计算效率来看，在一个时间步长内，MUSCL - Hancock 预测校正法仅需要在校正步对网格界面计算一次黎曼问题，预测步网格界面的数值通量可直接根据通量公式计算得到，而二阶龙格库塔法需要对所有网格界面计算两次黎曼问题，因而 MUSCL - Hancock 预测校正法的计算效率可能较二阶龙格库塔法高。但是从格式的稳定性来看，龙格库塔法可满足 TVD 特性（宋利祥，2012），而 MUSCL - Hancock 预测校正法需要恰当合理地选择时间步长才能满足稳定（Berthon，2006）。选用二阶龙格库塔法实现二维浅水方程数值求解的时间二阶积分。

数值分析中，求解常微分方程初值问题的显式单步法如下：

$$\begin{cases} y_{n+1} = y_n + h \displaystyle\sum_{i=1}^{N} c_i k_i & (n = 0, 1, \cdots, M-1) \\ k_1 = f(t_n, y_n) \\ k_i = f\left(t_n + a_i h, y_n + h \displaystyle\sum_{j=1}^{i-1} b_{ij} k_j\right) & (i = 2, 3, \cdots, N) \\ a_i = \displaystyle\sum_{j=1}^{i-1} b_{ij} \end{cases} \tag{3.11}$$

称为显式龙格库塔法（R-K 方法），其中正整数 $N$ 称为 R-K 方法的级，所有 $c_i$、$a_i$、$b_{ij}$ 都是待定常数。令 $N=2$，$c_1=c_2=0.5$，$a_2=1$，可得到一种常用的二级二阶 R-K 方法，又称为改进的 Euler 法，也即是本书所采用的二阶龙格库塔法，在和谐二维浅水方程的具体应用形式如下：

$$U_{i,j}^{n+1}=U_{i,j}^n+\frac{1}{2}\Delta t\left[K_{i,j}(U^n)+K_{i,j}(U^*)\right] \tag{3.12}$$

其中

$$\begin{cases} K_{i,j}=-\dfrac{F_{i+1/2,j}-F_{i-1/2,j}}{\Delta x}-\dfrac{G_{i,j+1/2}-G_{i,j-1/2}}{\Delta y}+S_{i,j} \\ U_{i,j}^*=U_{i,j}^n+\Delta t K_{i,j}(U^n) \end{cases} \tag{3.13}$$

式中：$n$ 为时间层；$i$ 和 $j$ 为网格序号；$\Delta t$ 为计算时间步长；$\Delta x$、$\Delta y$ 分别为网格 $x$、$y$ 方向的尺寸；$K_{i,j}$ 为龙格库塔系数；$U^*$ 为水流变量计算中间值；$F_{i+1/2,j}$、$F_{i-1/2,j}$、$G_{i,j+1/2}$ 和 $G_{i,j-1/2}$ 分别为通过网格东、西、北、南四个界面的对流数值通量。

为了更新水流变量，在同一时间层内需要两次求解黎曼问题计算界面通量和离散源项。

## 3.2.2　MUSCL 数据重构及干湿界面处理

在浅水方程数值求解过程中，为了提高模型空间上的精度，在构造界面处局部黎曼问题时，不再认为水流要素在计算域内呈现分段常数阶梯分布，而是认为水流要素在计算域内为分段线性函数分布（图 3.3），并结合 minmod 斜率限制器重构界面左右两侧的变量，从而根据界面左右两侧重构变量计算通过界面的数值通量，实现格式空间上的二阶精度并保证格式具有 TVD 特性（Toro，2001）。以网格界面（$i+1/2$，$j$）为例，如图 3.3 所示，网格界面左侧变量的计算公式为

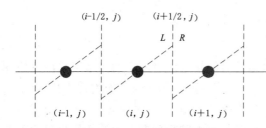

图 3.3　MUSCL 数据重构示意图

$$\begin{cases} \overline{\eta}_{i+1/2,j}^{L}=\eta_{i,j}+\dfrac{\psi_\eta(r)}{2}(\eta_{i,j}-\eta_{i-1,j}) \\[2mm] \overline{h}_{i+1/2,j}^{L}=h_{i,j}+\dfrac{\psi_h(r)}{2}(h_{i,j}-h_{i-1,j}) \\[2mm] \overline{q}_{x,i+1/2,j}^{L}=q_{x,i,j}+\dfrac{\psi_{q_x}(r)}{2}(q_{x,i,j}-q_{x,i-1,j}) \\[2mm] \overline{q}_{y,i+1/2,j}^{L}=q_{y,i,j}+\dfrac{\psi_{q_y}(r)}{2}(q_{y,i,j}-q_{y,i-1,j}) \\[2mm] \overline{q}_{c,i+1/2,j}^{L}=q_{c,i,j}+\dfrac{\psi_{q_c}(r)}{2}(q_{c,i,j}-q_{c,i-1,j}) \\[2mm] \overline{z}_{b,i+1/2,j}^{L}=\overline{\eta}_{i+1/2,j}^{L}-\overline{h}_{i+1/2,j}^{L} \end{cases} \tag{3.14}$$

式中：$\psi(r)$ 为网格 $(i, j)$ 处的斜率限制器。

$\psi(r)$ 的值与相邻网格 $(i-1, j)$ 和 $(i+1, j)$ 内的变量值有关，斜率限制器可以抑制间断点附近可能产生的非物理数值振荡，保证格式的稳定性。

在 MUSCL 格式中，研究学者提出了 minmod、double minmod、superbee、van Albada 和 van Leer 等各种满足 TVD 特性约束条件的斜率限制器形式（Toro，2001），不同的限制器对数学模型精度影响不同。为了避免出现虚假数值振荡，本书采用 minmod 斜率限制器。以水位变量重构的斜率限制器举例说明：

$$\begin{cases} \psi_\eta(r) = \max[0, \min(r, 1)] \\ r = \dfrac{\eta_{i+1,j} - \eta_{i,j}}{\eta_{i,j} - \eta_{i-1,j}} \end{cases} \quad (3.15)$$

式中：$r$ 为限制因子。

同理，网格界面右侧变量的计算公式为

$$\begin{cases} \overline{\eta}^{R}_{i+1/2,j} = \eta_{i+1,j} - \dfrac{\psi_\eta(r)}{2}(\eta_{i+1,j} - \eta_{i,j}) \\[2mm] \overline{h}^{R}_{i+1/2,j} = h_{i+1,j} - \dfrac{\psi_h(r)}{2}(h_{i+1,j} - h_{i,j}) \\[2mm] \overline{q}^{R}_{x,i+1/2,j} = q_{x,i+1,j} - \dfrac{\psi_{q_x}(r)}{2}(q_{x,i+1,j} - q_{x,i,j}) \\[2mm] \overline{q}^{R}_{y,i+1/2,j} = q_{y,i+1,j} - \dfrac{\psi_{q_y}(r)}{2}(q_{y,i+1,j} - q_{y,i,j}) \\[2mm] \overline{q}^{R}_{c,i+1/2,j} = q_{c,i+1,j} - \dfrac{\psi_{q_c}(r)}{2}(q_{c,i+1,j} - q_{c,i,j}) \\[2mm] \overline{z}^{R}_{b,i+1/2,j} = \overline{\eta}^{R}_{i+1/2,j} - \overline{h}^{R}_{i+1/2,j} \end{cases} \quad (3.16)$$

网格界面左右两侧的流速、浓度计算式：

$$\begin{cases} \overline{u}^{L}_{i+1/2,j} = \dfrac{\overline{q}^{L}_{x,i+1/2,j}}{\overline{h}^{L}_{i+1/2,j}}, \quad \overline{v}^{L}_{i+1/2,j} = \dfrac{\overline{q}^{L}_{y,i+1/2,j}}{\overline{h}^{L}_{i+1/2,j}}, \quad \overline{c}^{L}_{i+1/2,j} = \dfrac{\overline{q}^{L}_{c,i+1/2,j}}{\overline{h}^{L}_{i+1/2,j}} \\[3mm] \overline{u}^{R}_{i+1/2,j} = \dfrac{\overline{q}^{R}_{x,i+1/2,j}}{\overline{h}^{R}_{i+1/2,j}}, \quad \overline{v}^{R}_{i+1/2,j} = \dfrac{\overline{q}^{R}_{y,i+1/2,j}}{\overline{h}^{R}_{i+1/2,j}}, \quad \overline{c}^{R}_{i+1/2,j} = \dfrac{\overline{q}^{R}_{c,i+1/2,j}}{\overline{h}^{R}_{i+1/2,j}} \end{cases} \quad (3.17)$$

式（3.17）适用于计算水深大于临界干水深的情况；当计算水深小于临界干水深时，流速与浓度重构量均为零。对于理想经典算例来说，临界水深一般可取值 $10^{-6}\,\mathrm{m}$；对于实际工程应用来说，临界干水深可取值 $10^{-3}\,\mathrm{m}$。为了模型的稳定性，上述的 MUSCL 线性重构只适用于不与干网格相邻的湿网格，与干网格相邻湿网格的界面重构值直接定义为湿网格中心值，格式在干湿界面降为一阶精度。

通过线性插值，可获得东界面左右两侧的地形重构值，为了保持地形的连续性，采用 Audusse et al.（2004）提出的地形高程唯一值确定方法，东界面的地形值可定义为

$$z_{b,i+1/2,j} = \max(\overline{z}^{L}_{b,i+1/2,j}, \overline{z}^{R}_{b,i+1/2,j}) \quad (3.18)$$

同时网格东界面左右两侧水深重新计算，有

$$\begin{cases} h^{\mathrm{L}}_{i+1/2,j}=\max(0,\overline{\eta}^{\mathrm{L}}_{i+1/2,j}-z_{\mathrm{b},i+1/2,j}) \\ h^{\mathrm{R}}_{i+1/2,j}=\max(0,\overline{\eta}^{\mathrm{R}}_{i+1/2,j}-z_{\mathrm{b},i+1/2,j}) \end{cases} \tag{3.19}$$

网格东界面两侧的黎曼状态变量相应调整为

$$\begin{cases} \eta^{\mathrm{L}}_{i+1/2,j}=h^{\mathrm{L}}_{i+1/2,j}+z_{\mathrm{b},i+1/2,j}, & \eta^{\mathrm{R}}_{i+1/2,j}=h^{\mathrm{R}}_{i+1/2,j}+z_{\mathrm{b},i+1/2,j} \\ q^{\mathrm{L}}_{x,i+1/2,j}=\overline{u}^{\mathrm{L}}_{i+1/2,j}h^{\mathrm{L}}_{i+1/2,j}, & q^{\mathrm{R}}_{x,i+1/2,j}=\overline{u}^{\mathrm{R}}_{i+1/2,j}h^{\mathrm{R}}_{i+1/2,j} \\ q^{\mathrm{L}}_{y,i+1/2,j}=\overline{v}^{\mathrm{L}}_{i+1/2,j}h^{\mathrm{L}}_{i+1/2,j}, & q^{\mathrm{R}}_{y,i+1/2,j}=\overline{v}^{\mathrm{R}}_{i+1/2,j}h^{\mathrm{R}}_{i+1/2,j} \\ q^{\mathrm{L}}_{c,i+1/2,j}=\overline{c}^{\mathrm{L}}_{i+1/2,j}h^{\mathrm{L}}_{i+1/2,j}, & q^{\mathrm{R}}_{c,i+1/2,j}=\overline{c}^{\mathrm{R}}_{i+1/2,j}h^{\mathrm{R}}_{i+1/2,j} \end{cases} \tag{3.20}$$

上述线性重构即可保证水深不会出现负值的情况，由此求得网格东界面左右两侧重构变量值，形成局部黎曼问题，可通过黎曼算子计算得到相应的数值通量。当不存在干河床时，以上重构过程不会影响数值格式的静水和谐性；然而，当水流遇到干湿界面时，以上重构并不能保证计算格式的稳定性和水量守恒性。数学模型中干河床的情况包括三种典型类型（图 3.4），其中图 3.4（a）表示下游平底河床、水深为零的干湿界面问题；图 3.4（b）表示下游为台阶状低河床、水深为零的干湿界面问题；图 3.4（c）表示下游为台阶状高河床、水深为零的干湿界面问题。

对于图 3.4（a）来说，上述线性重构将其转化为求解平底溃坝的黎曼问题；对于图 3.4（b）来说，当台阶足够大时，由地形源项产生的外力足以使上游较多水量进入干网格，导致上游网格水深出现负值。通过上述线性重构可将其局部转化成图 3.4（a）中的状况，从而消除相关不稳定影响；对于图 3.4（c）来说，此时水流为冲击墙壁的流动，需要特别处理，以满足数值格式的静水和谐性。

如图 3.5 所示，湿网格 $(i,j)$ 与干网格 $(i+1,j)$ 拥有共同的边界 $(i+1/2,j)$，网格 $(i+1,j)$ 内的地形高程要高于湿网格 $(i,j)$ 内的水位高程。

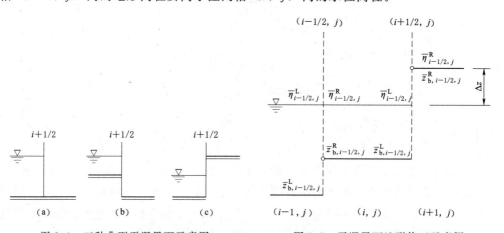

图 3.4　三种典型干湿界面示意图　　　　图 3.5　干湿界面地形修正示意图

根据前面介绍的重构过程，可得

$$\begin{cases} z_{\mathrm{b},i+1/2,j}=\overline{z}^{\mathrm{R}}_{\mathrm{b},i+1/2,j} \\ h^{\mathrm{L}}_{i+1/2,j}=h^{\mathrm{R}}_{i+1/2,j}=0 \\ \eta^{\mathrm{L}}_{i+1/2,j}=\eta^{\mathrm{R}}_{i+1/2,j}=z_{\mathrm{b},i+1/2,j} \end{cases} \tag{3.21}$$

东界面两侧的水位值等于东界面地形高程，与水流的实际水位高程不相符。考虑静水条件下，湿网格的流速为零、水位为常数，若不做特殊处理，按照式（3.21）给定的界面左右侧水位值计算通过界面 $(i+1/2, j)$ 的数值通量与按照水位为常数计算得到的通过界面 $(i-1/2, j)$ 的数值通量不能达到平衡，即产生虚假的流入网格的净通量，引起非物理的虚假流动。

为了避免图 3.4 所示地形条件下出现的非物理虚假流动，根据界面真实水位与虚假水位的差值 $\Delta z$：

$$\Delta z = \max(0, z_{b,i+1/2,j} - \overline{\eta}^{\mathrm{L}}_{i+1/2,j}) \tag{3.22}$$

对网格界面 $(i+1/2, j)$ 处地形和水位做如下修正：

$$\begin{cases} z_{b,i+1/2,j} = z_{b,i+1/2,j} - \Delta z \\ \eta^{\mathrm{L}}_{i+1/2,j} = \eta^{\mathrm{L}}_{i+1/2,j} - \Delta z \\ \eta^{\mathrm{R}}_{i+1/2,j} = \eta^{\mathrm{R}}_{i+1/2,j} - \Delta z \end{cases} \tag{3.23}$$

经过式（3.23）的修正，有

$$\eta^{\mathrm{L}}_{i+1/2,j} = \eta^{\mathrm{R}}_{i+1/2,j} = z_{b,i+1/2,j} = \eta_{\mathrm{constant}} \tag{3.24}$$

静水条件下，不会产生非物理的虚假数值通量，保持了格式的静水和谐性。

上述以界面 $(i+1/2, j)$ 为例详细介绍了数据重构过程。对网格内其余三个边界 $(i-1/2, j)$、$(i, j+1/2)$、$(i, j-1/2)$ 采用类似的方法进行重构。这里，对 MUSCL 线性重构步骤作如下总结：

（1）采用式（3.14）和式（3.16）对网格界面左右两侧的水位、水深和单宽流量等进行线性插值。

（2）采用式（3.17）计算网格界面两侧的流速和浓度值。

（3）重新定义网格边界处的地形值，利用式（3.18）～式（3.20）对水位水深和单宽流量等进行调整。

（4）根据式（3.22）和式（3.23）对地形和水位进行修正，MUSCL 数据重构完成。

## 3.3  数值通量的计算 HLLC 格式

水流变量在每个单元内部为常数，在整个计算域内呈现阶梯状分布，由于在网格界面左右两侧的水流变量可能不相等，则在界面处可能形成间断初值问题，即所谓的黎曼问题。通过求解黎曼问题可得到界面处的对流数值通量：

$$\boldsymbol{F} = \boldsymbol{F}(\boldsymbol{U}_{\mathrm{L}}, \boldsymbol{U}_{\mathrm{R}}) \tag{3.25}$$

式中：$\boldsymbol{U}_{\mathrm{L}}$、$\boldsymbol{U}_{\mathrm{R}}$ 分别为界面左、右侧的水流变量向量。

黎曼问题的求解方法可分为精确求解和近似求解两大类。考虑到计算代价、简单性和准确性，浅水方程界面通量的求解可采用近似黎曼算子。目前较为常见的近似黎曼算子有 HLL 黎曼算子、Roe 黎曼算子、Osher-Solomon 黎曼算子，此外还有基于上述三种格式改进的黎曼算子，如 HLLC 黎曼算子就是在 HLL 格式的基础上考虑中波的影响改进形成的。图 3.6 展示了 HLLC 黎曼算子的三波结构示意。

由于 HLLC 格式具有较强的激波捕捉能力并且适应干湿界面的计算，因此本书采用

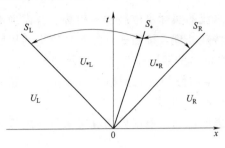

图 3.6　HLLC 黎曼算子的三波结构示意图

该格式计算和谐二维浅水方程的对流数值通量。以网格东界面通量 $F_{i+1/2}$ 为例：

$$F_{i+1/2}^{\text{HLLC}}=\begin{cases}F_{\text{L}} & (0\leqslant S_{\text{L}})\\ F_{*\text{L}} & (S_{\text{L}}<0\leqslant S_{*})\\ F_{*\text{R}} & (S_{*}<0\leqslant S_{\text{R}})\\ F_{\text{R}} & (0<S_{\text{R}})\end{cases} \quad (3.26)$$

式中，$F_{\text{L}}=F(U_{\text{L}})$、$F_{\text{R}}=F(U_{\text{R}})$，由界面左右两侧的水流变量 $U_{\text{L}}$、$U_{\text{R}}$ 计算得到，而界面两侧的水流变量由网格中心值通过 MUSCL 数据重构得到；$S_{\text{L}}$、$S_{*}$ 和 $S_{\text{R}}$ 分别是黎曼解中左波、接触波和右波的波速。根据 Rankine - Hugoniot 条件，接触波左右边的通量 $F_{*\text{L}}$ 和 $F_{*\text{R}}$ 的计算式如下：

$$\begin{cases}F_{*\text{L}}=F_{\text{L}}+S_{\text{L}}(U_{*\text{L}}-U_{\text{L}})\\ F_{*\text{R}}=F_{\text{R}}+S_{\text{R}}(U_{*\text{R}}-U_{\text{R}})\end{cases} \quad (3.27)$$

式中，$U_{*\text{L}}$、$U_{*\text{R}}$ 分别为接触波左右侧水流变量，相应公式为

$$\begin{cases}U_{*\text{L}}=h_{\text{L}}\left(\dfrac{S_{\text{L}}-u_{\text{L}}}{S_{\text{L}}-S_{*}}\right)\begin{bmatrix}1\\ S_{*}\\ v_{\text{L}}\\ c_{\text{L}}\end{bmatrix}\\[6ex] U_{*\text{R}}=h_{\text{R}}\left(\dfrac{S_{\text{R}}-u_{\text{R}}}{S_{\text{R}}-S_{*}}\right)\begin{bmatrix}1\\ S_{*}\\ v_{\text{R}}\\ c_{\text{R}}\end{bmatrix}\end{cases} \quad (3.28)$$

由式（3.26）～式（3.28）可知，采用 HLLC 近似黎曼算子计算界面对流通量的关键在于计算波速。Toro（2001）和 Liang（2010）采用双稀疏波假设并考虑干河床情形的方法计算波速；Zia et al.（2008）则采用综合考虑激波、稀疏波和干河床情形的方法计算波速。本书采用双稀疏波假设并考虑干河床情形的方法计算左、右波速值：

$$\begin{cases}S_{\text{L}}=\begin{cases}u_{\text{R}}-2\sqrt{gh_{\text{R}}} & (h_{\text{L}}=0)\\ \min(u_{\text{L}}-\sqrt{gh_{\text{L}}},u_{*}-\sqrt{gh_{*}}) & (h_{\text{L}}>0)\end{cases}\\[4ex] S_{\text{R}}=\begin{cases}u_{\text{L}}+2\sqrt{gh_{\text{L}}} & (h_{\text{R}}=0)\\ \max(u_{\text{R}}+\sqrt{gh_{\text{R}}},u_{*}+\sqrt{gh_{*}}) & (h_{\text{R}}>0)\end{cases}\end{cases} \quad (3.29)$$

式中，$u_{*}$、$h_{*}$ 为双稀疏波假设下的中间区域的水深和流速值，可表示为

$$\begin{cases}h_{*}=\dfrac{1}{g}\left[\dfrac{1}{2}(\sqrt{gh_{\text{L}}}+\sqrt{gh_{\text{R}}})+\dfrac{1}{4}(u_{\text{L}}-u_{\text{R}})\right]^{2}\\[3ex] u_{*}=\dfrac{1}{2}(u_{\text{L}}+u_{\text{R}})+\sqrt{gh_{\text{L}}}-\sqrt{gh_{\text{R}}}\end{cases} \quad (3.30)$$

采用下式计算接触波的波速：

$$S_* = \frac{S_L h_R (u_R - S_R) - S_R h_L (u_L - S_L)}{h_R (u_R - S_R) - h_L (u_L - S_L)} \tag{3.31}$$

式（3.26）～式（3.31）即为网格右界面对流数值通量的计算方法，网格其余三个界面的对流数值通量采用类似的方法计算。

## 3.4 源项计算

在数学模型中，为了保证模型的稳定性和精度，需要选择合适的方法对不同类型的方程中的源项进行离散，本节将会对控制方程各类源项离散方法进行介绍。

### 3.4.1 地形源项

对于二维浅水控制方程组中地形高程在 $x$ 和 $y$ 方向上的偏导数，本书采用网格内部中心差分格式进行离散：

$$\begin{cases} -g\eta \dfrac{\partial z_b}{\partial x} = -g \dfrac{\eta_{i+1/2,j}^L + \eta_{i-1/2,j}^R}{2} \dfrac{z_{b,i+1/2,j} - z_{b,i-1/2,j}}{\Delta x_{i,j}} \\[3mm] -g\eta \dfrac{\partial z_b}{\partial y} = -g \dfrac{\eta_{i,j+1/2}^L + \eta_{i,j-1/2}^R}{2} \dfrac{z_{b,i,j+1/2} - z_{b,i,j-1/2}}{\Delta y_{i,j}} \end{cases} \tag{3.32}$$

利用中心差分对圣维南控制方程组中的地形源项进行离散：

$$\left(g\frac{\partial I_1}{\partial x}\bigg|_{\overline{\eta}}\right)_i = g\frac{I_{1,i+1}|_{\overline{\eta}_i} - I_{1,i-1}|_{\overline{\eta}_i}}{x_{i+1} - x_{i-1}} \tag{3.33}$$

式中：$\overline{\eta}_i$ 为网格 $i$ 的水位。

### 3.4.2 紊动阻力项

紊流是黏性流体在雷诺数相当大（至少大于临界值）后的一种复杂流动现象，不是流体的内在物质属性，而是流体的流态之一，具有随机性、扩散性、有涡性、耗能性、连续性和三维性等基本特征。1883 年英国学者雷诺通过著名的雷诺试验，发现了黏性流体流动的两种流态（层流和紊流），并将无量纲参数雷诺数作为流态判断的依据，当雷诺数大于临界雷诺数时，流动为紊流，否则为层流。由于黏性流体具有黏性，流动中存在各种外来扰动，在扰动作用下流动中形成微小波动，使流层间距变得不均匀，进一步造成流速、压强等流场变量的不均匀，这种横向压差促使波动加剧，所产生的力偶使黏性流动形成涡旋，并破裂形成诸多小漩涡。旋转涡体一侧流速大、压强小，另一侧流速小、压强大，从而产生升力，推动涡体做横向运动，导致不同流层之间的流体质点掺混，最终形成紊流。

控制方程中的紊流模型具有二阶偏导，针对零方程紊流模型中的各种偏导数采用网格间的中心差分格式：

$$\frac{\partial(hT_{xx})}{\partial x} = \frac{(hT_{xx})_{i+1,j} - (hT_{xx})_{i-1,j}}{x_{i+1,j} + x_{i-1,j} - x_{i,j}} = \frac{h_{i+1,j}T_{xx,i+1,j} - h_{i-1,j}T_{xx,i-1,j}}{x_{i+1,j} + x_{i-1,j} - x_{i,j}} \tag{3.34}$$

$$\frac{\partial(hT_{yy})}{\partial y} = \frac{(hT_{yy})_{i,j+1} - (hT_{yy})_{i,j-1}}{y_{i+1,j} + y_{i-1,j} - y_{i,j}} = \frac{h_{i,j+1}T_{yy,i,j+1} - h_{i,j-1}T_{yy,i,j-1}}{y_{i+1,j} + y_{i-1,j} - y_{i,j}} \tag{3.35}$$

$$\frac{\partial(hT_{xy})}{\partial x}=\frac{(hT_{xy})_{i+1,j}-(hT_{xy})_{i-1,j}}{x_{i+1,j}+x_{i-1,j}-x_{i,j}}=\frac{h_{i+1,j}T_{xy,i+1,j}-h_{i-1,j}T_{xy,i-1,j}}{x_{i+1,j}+x_{i-1,j}-x_{i,j}} \tag{3.36}$$

$$\frac{\partial(hT_{yx})}{\partial y}=\frac{(hT_{yx})_{i,j+1}-(hT_{yx})_{i,j-1}}{y_{i+1,j}+y_{i-1,j}-y_{i,j}}=\frac{h_{i,j+1}T_{yx,i,j+1}-h_{i,j-1}T_{yx,i,j-1}}{y_{i+1,j}+y_{i-1,j}-y_{i,j}} \tag{3.37}$$

上述方程中的 $T_{xx}$，$T_{yy}$，$T_{xy}$ 和 $T_{yx}$ 同样采用中心差分格式：

$$\begin{cases} T_{xx}=2v_{\mathrm{t}}\dfrac{\partial u}{\partial x}=2(v_{\mathrm{t}})_{i,j}\,\dfrac{u_{i+1,j}-u_{i-1,j}}{x_{i+1,j}+x_{i-1,j}-x_{i,j}} \\[2mm] T_{xy}=T_{yx}=v_{\mathrm{t}}\left(\dfrac{\partial u}{\partial y}+\dfrac{\partial v}{\partial x}\right)=(v_{\mathrm{t}})_{i,j}\,\dfrac{u_{i,j+1}-u_{i,j-1}}{y_{i+1,j}+y_{i-1,j}-y_{i,j}}+\dfrac{v_{i+1,j}-v_{i-1,j}}{x_{i+1,j}+x_{i-1,j}-x_{i,j}} \\[2mm] T_{yy}=2v_{\mathrm{t}}\dfrac{\partial v}{\partial y}=2(v_{\mathrm{t}})_{i,j}\,\dfrac{v_{i,j+1}-v_{i,j-1}}{y_{i+1,j}+y_{i-1,j}-y_{i,j}} \end{cases}$$

$$\tag{3.38}$$

### 3.4.3　摩擦阻力项

对天然河道地形上水流进行数值模拟时必须考虑河床阻力对水流运动的影响。在数值模拟干湿交替水流时，若水深出现极小值（$10^{-5}\mathrm{m}$），模型的稳定性会受到极大的挑战，原因是在河床摩擦阻力公式中水深变量出现在分母位置，会导致摩擦阻力项计算值较大，导致水流发生回流的不合理现象，也会极大地减小模型时间步长，降低计算效率。本书采用 Liang et al.（2009）提出的处理摩擦阻力的一种分裂隐式方法，同时引入摩擦阻力项的最大限制条件。不考虑其他源项和对流项时，控制方程可以写成全微分方程形式：

$$\frac{\mathrm{d}\boldsymbol{U}}{\mathrm{d}t}=\boldsymbol{S}_{\mathrm{f}} \tag{3.39}$$

控制方程中只有动量方程中存在摩擦阻力项，以 $x$ 方向上的摩擦阻力为例，方程（3.39）转化为

$$\frac{\mathrm{d}q_x}{\mathrm{d}t}=S_{\mathrm{f}x} \tag{3.40}$$

将方程（3.40）采用全隐格式进行离散：

$$\frac{q_x^{n+1}-q_x^n}{\Delta t}=S_{\mathrm{f}x}^{n+1} \tag{3.41}$$

对摩阻项 $S_{\mathrm{f}x}^{n+1}$ 采用 Taylor 级数展开至二阶精度：

$$\begin{cases} S_{\mathrm{f}x}^{n+1}=S_{\mathrm{f}x}^n+\left(\dfrac{\partial S_{\mathrm{f}x}}{\partial q_x}\right)^n\Delta q_x+O(\Delta q_x{}^2) \\[2mm] \Delta q_x=q_x^{n+1}-q_x^n \end{cases} \tag{3.42}$$

忽略方程（3.42）中的高阶项，代入方程（3.41）得

$$q_x^{n+1}=q_x^n+\Delta t\left(\frac{S_{\mathrm{f}x}}{D_x}\right)^n=q_x^n+\Delta tF_x \tag{3.43}$$

其中

$$D_x=1-\Delta t\left(\frac{\partial S_{\mathrm{f}x}}{\partial q_x}\right)^n,\quad F_x=\left(\frac{S_{\mathrm{f}x}}{D_x}\right)^n \tag{3.44}$$

如果在靠近干湿交界处进行通量计算，阻力源项的存在可能影响到数值格式的稳定性。对于 $F_x$ 需要设置限定条件，该条件考虑到摩擦阻力的最大影响是使水流流动停止，即 $q_x^{n+1} q_x^n \geqslant 0$，从而得出

$$F_x \begin{cases} \geqslant -q_x^n/\Delta t & (q_x^n \geqslant 0) \\ \leqslant -q_x^n/\Delta t & (q_x^n \leqslant 0) \end{cases} \tag{3.45}$$

当 $F_x$ 计算值超过了上述限定条件时，就会用式（3.45）中的临界值代替。

### 3.4.4 植被引起的阻力

植被引起的阻力表达式中不存在偏导数，在数值离散中采用网格中心的值计算。如果植被引起的额外阻力采用拖曳力计算，刚性植被在 $x$，$y$ 方向上的拖曳力方程采用下式计算：

$$\begin{cases} F_{vx} = \dfrac{1}{2}\rho\lambda C_d h u_c \sqrt{u_c^2 + v_c^2} = \dfrac{1}{2}\rho\lambda_{i,j}C_{d,i,j}h_{i,j}u_{c,i,j}\sqrt{u_{c,i,j}^2 + v_{c,i,j}^2} \\ F_{vy} = \dfrac{1}{2}\rho\lambda C_d h v_c \sqrt{u_c^2 + v_c^2} = \dfrac{1}{2}\rho\lambda_{i,j}C_{d,i,j}h_{i,j}v_{c,i,j}\sqrt{u_{c,i,j}^2 + v_{c,i,j}^2} \end{cases} \tag{3.46}$$

对于柔性植被：

$$\begin{cases} F_{vx} = \dfrac{1}{2}C_d A_p Ca^{\psi/2} h u_c \sqrt{u_c^2 + v_c^2} = \dfrac{1}{2}C_{d,i,j}A_{p,i,j}(Ca^{\psi/2})_{i,j}h_{i,j}u_{c,i,j}\sqrt{u_{c,i,j}^2 + v_{c,i,j}^2} \\ F_{vy} = \dfrac{1}{2}C_d A_p Ca^{\psi/2} h v_c \sqrt{u_c^2 + v_c^2} = \dfrac{1}{2}C_{d,i,j}A_{p,i,j}(Ca^{\psi/2})_{i,j}h_{i,j}v_{c,i,j}\sqrt{u_{c,i,j}^2 + v_{c,i,j}^2} \end{cases}$$
$$\tag{3.47}$$

植被引起的粗糙度以等效曼宁系数表示，将计算的等效曼宁系数值代入曼宁阻力表达式中，按照 3.4.3 节介绍的摩擦阻力处理方式求解。

$$\begin{cases} f_x = -\dfrac{gn_v^2}{h^{1/3}}u\sqrt{u^2 + v^2} = -\dfrac{gn_{v,i,j}^2}{h_{i,j}^{1/3}}u_{i,j}\sqrt{u_{i,j}^2 + v_{i,j}^2} \\ f_y = -\dfrac{gn_v^2}{h^{1/3}}v\sqrt{u^2 + v^2} = -\dfrac{gn_{v,i,j}^2}{h_{i,j}^{1/3}}v_{i,j}\sqrt{u_{i,j}^2 + v_{i,j}^2} \end{cases} \tag{3.48}$$

## 3.5 边界条件

数学模型的边界条件有两种实现方式（Liang et al.，2009）：直接计算数值通量法和镜像法。其中，直接计算数值通量法广泛应用于基于非结构网格的数学模型，而镜像法在基于结构网格的数学模型中因具有易于实现、便于统一编程的优点也得到了大量应用。本书依据特征值理论的黎曼不变量即式（3.49），综合应用镜像法与直接计算数值通量法实现边界条件。

$$u_m + 2\sqrt{gh_m} = u_b + 2\sqrt{gh_b} \tag{3.49}$$

假设水流变量 $\boldsymbol{U}_b = (h_b, u_b, v_b)^T$ 和 $\boldsymbol{U}_m = (h_m, u_m, v_m)^T$ 分别表示边界网格中心和镜

像网格中心的水深、法向流速和切向流速。接下来对实际计算中常常涉及的四种主要边界条件——固壁边界、自由出流开边界、单宽流量开边界和水位开边界进行阐述。

### 3.5.1　固壁边界

对于固壁边界来说，镜像网格中心水深等于边界网格水深，法向流速为零，切向流速等于边界网格切向流速，即

$$h_\text{m}=h_\text{b}, \quad u_\text{m}=0, \quad v_\text{m}=v_\text{b} \tag{3.50}$$

实际计算中，为了保证固壁边界的质量通量为零，本书采取直接计算数值通量法，而不去求解黎曼问题获得数值通量。

### 3.5.2　自由出流开边界

对于自由出流开边界来说，镜像网格中心水深等于边界网格水深，法向流速为边界网格法向流速，切向流速等于边界网格切向流速，即

$$h_\text{m}=h_\text{b}, \quad u_\text{m}=u_\text{b}, \quad v_\text{m}=v_\text{b} \tag{3.51}$$

### 3.5.3　单宽流量开边界

对于单宽流量开边界来说，给定单宽流量 $q(t)$，镜像网格中心水深和法向流速通过黎曼不变量构造牛顿法的迭代函数迭代求解，切向流速等于边界网格切向流速，即

$$h_\text{m}u_\text{m}=q(t) \tag{3.52}$$

令

$$c=\sqrt{gh_\text{m}}, \quad a_\text{b}=u_\text{b}+2\sqrt{gh_\text{b}} \tag{3.53}$$

可得到

$$h_\text{m}=\frac{c^2}{g}, \quad u_\text{m}=\frac{gq(t)}{c^2} \tag{3.54}$$

将式（3.54）代入式（3.49）中，得

$$f(c)=2c^3-a_\text{b}c^2+gq(t)=0 \tag{3.55}$$

构造牛顿法的迭代函数为

$$\varphi(c)=c-\frac{f(c)}{f'(c)}=c-\frac{2c^3-a_\text{b}c^2+gq(t)}{6c^2-2a_\text{b}c} \tag{3.56}$$

实际计算中，可取 $c=2a_\text{b}/3$ 作为迭代计算的初始值。当迭代收敛时，通过式（3.54）可计算得到镜像网格中心水深 $h_\text{m}$ 和法向流速 $u_\text{m}$，镜像网格中心切向流速等于边界网格切向流速 $v_\text{m}=v_\text{b}$。同时，为了保证入流流量的正确性，采用直接计算数值通量法。

### 3.5.4　水位开边界

对于水位开边界来说，给定水位 $\eta(t)$，镜像网格中心水深等于给定的水位值减上相应的地形高程，法向流速通过黎曼不变量计算得到，切向流速等于边界网格切向流速，即

$$h_\text{m}=\eta(t)-z_\text{b}, \quad u_\text{m}=u_\text{b}+2\sqrt{gh_\text{b}}-2\sqrt{gh_\text{m}}, \quad v_\text{m}=v_\text{b} \tag{3.57}$$

## 3.6 稳定条件

由于采用有限体积 Godunov 格式作为计算框架，为了保证显式步进二维模型的稳定性，需要根据 CFL 稳定条件确定合适的时间步长 $\Delta t$：

$$\Delta t = C_{\text{cfl}} \min(\Delta t_x, \Delta t_y) \tag{3.58}$$

式中：$C_{\text{cfl}}$ 为柯朗数（Courant number），取值范围为 $0 < C_{\text{cfl}} \leqslant 1$。

其中，

$$\Delta t_x = \min\left(\frac{\Delta x_i}{|u_i| + \sqrt{gh_i}}\right), \; \Delta t_y = \min\left(\frac{\Delta y_i}{|v_i| + \sqrt{gh_i}}\right) \quad (i=1,2,\cdots,N) \tag{3.59}$$

式中：$N$ 为计算网格总数目。

## 3.7 计算流程

浅水流动数学模型的计算流程如图 3.7 所示。

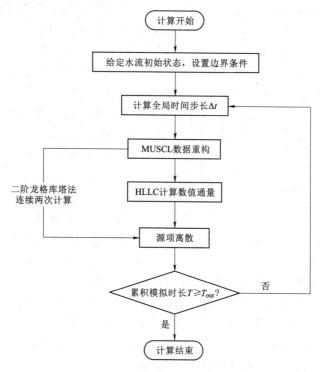

图 3.7　浅水流动数学模型计算流程图

## 3.8 自适应网格技术

实际工程应用中，河流、湖泊等计算域具有复杂的地形和边界条件，在水流运动过程中伴随着动态变化的干湿界面问题,静态的结构均匀网格难以捕捉计算敏感域内水流运动的局部复杂流态特征;同时,由于结构均匀网格处理不规则计算边界时需要将计算域划分为大小均匀的矩形网格,与非结构网格相比,结构均匀网格对实际边界的拟合效果较差,在计算域边界处网格呈现锯齿形。为了捕捉水流运动局部复杂流态特征以及精确拟合复杂计算边界,需要对整个计算域采用高分辨率网格,极大地增加计算网格数量,严重影响了计算效率。事实上,计算敏感域在整个计算域中所占比例并不大,仅需对计算敏感域和计算边界采用高分辨率网格即可满足模型对高精度解的要求。因此,本节通过自适应网格技术建立了灵活的自适应网格水流数学模型,该模型以结构均匀网格为基础,在满足两倍边长约束的条件下,建立结构非均匀网格系统,采用自然邻点插值确定同等级别的相邻单元信息,根据关键水流变量梯度动态调整局部网格密度,满足了不同区域对空间求解精度的差异性需求,在保证局部高精度解的同时显著地减少了计算网格数目,实现了模型精度与计算效率的统一。

## 3.8.1　结构非均匀网格

结构非均匀网格和贴体正交网格都属于结构网格,与贴体正交网格不一样的是结构非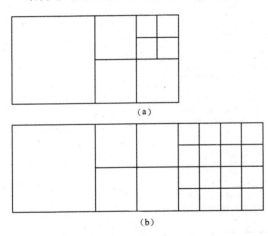均匀网格以结构均匀网格为基础,不需要将物理平面上不规则区域转换成计算平面上的规则区域,既继承了常规结构均匀网格的简单直接、易于划分的优点,也保证了局部高空间精度的要求。如图 3.8 所示为两种常见的结构非均匀网格(Rogers et al,2015;Liang et al.,2004;Liang et al.,2007;Lee et al.,2016):

图 3.8(a)所展示的结构非均匀网格比较灵活,但是和其他动态自适应网格方法具有一个相同的特征,即需要特定的分层数据结构存储所有相邻网格单元之间的拓扑关系,因此在网格生成程序和自适应

图 3.8　两种常见的结构非均匀网格

网格密度调整中需要复杂的算法达到寻址和计算的目的。图 3.8(b)所展示的结构非均匀网格则比较简单,保留了结构均匀网格的行列特征,相邻网格的地址和水流信息可以通过简单的代数关系直接给出,无需特定的数据结构和复杂的算法,本质上仅需要两个额外的数组存储背景网格等级和子网格单元索引,节约了计算内存。本书采用图 3.8(b)所示类型的结构非均匀网格作为计算网格搭建模型。

图 3.9 为结构非均匀网格的寻址示意图,序号 $i$ 和 $j$ 分别代表 $x$ 方向和 $y$ 方向的背景网格索引;背景网格 $(i-1,j)$、$(i,j)$ 和 $(i+1,j)$ 的网格等级分别为 0、1 和 2;所有子网格单元 $ic$ 均可用四个序号组成的索引 $\mathrm{ind}(i,j,i_s,j_s)$ 表示,其中 $i_s$ 和 $j_s=1,\cdots,$ $M_s$,$M_s=2^{lev}$,$lev=\mathrm{level}(i,j)$ 为对应背景网格的等级;子网格单元 $ic$ 中心点坐标值可以表示为

$$\begin{cases} x_{ic} = (i-1)\Delta x + (i_s - 0.5)\Delta x_s \\ y_{ic} = (j-1)\Delta y + (j_s - 0.5)\Delta y_s \end{cases} \quad (3.60)$$

式中：$\Delta x$ 和 $\Delta y$ 分别为背景网格的尺寸；$\Delta x_s = \Delta x / 2^{lev}$ 和 $\Delta y_s = \Delta y / 2^{lev}$ 为子网格单元的尺寸。

本书采用的结构非均匀网格不需要特定的数据结构和复杂的算法达到寻址和计算的目的，现对邻点寻址的简单代数算法作详细阐述：如图 3.9 所示，对于计算网格 $ic = \mathrm{ind}(i, j, i_s, j_s)$ 来说，背景网格 $(i, j)$ 与 $(i-1, j)$ 和 $(i+1, j)$ 的等级都不一样，当 $1 < i_s < M_s$ 且 $1 < j_s < M_s$ 时，邻点寻址方法和结构均匀网格一样；

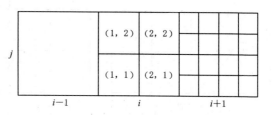

图 3.9　结构非均匀网格寻址示意图

当 $j_s$ 和 $i_s$ 其中之一等于 1 或 $M_s$ 时，若是相邻背景网格等级较小，以 $ic = \mathrm{ind}(i, j, 1, 1)$ 和 $ic = \mathrm{ind}(i, j, 1, 2)$ 为例，相邻西网格单元可被表示为 $(i-1, j, M_{sn}, j_{sn})$，其中 $M_{sn} = M_s / 2$，$j_{sn}$ 的计算式如下：

$$j_{sn} = \begin{cases} (j_s + 1)/2 & [\mathrm{mod}(j_s, 2) = 1] \\ j_s/2 & [\mathrm{mod}(j_s, 2) = 0] \end{cases} \quad (3.61)$$

若是相邻背景网格等级较大，以 $ic = \mathrm{ind}(i, j, 2, 1)$ 为例，相邻两个东网格单元可被表示为 $(i+1, j, 1, j_{sn})$ 和 $(i+1, j, 1, j_{sn}+1)$，其中 $j_{sn}$ 的计算式如下：

$$j_{sn} = 2j_s - 1 \quad (3.62)$$

子网格单元 $ic$ 其他方向的邻点寻址可采用类似的代数方法。

## 3.8.2　初始网格生成

结构非均匀网格的生成步骤如下：

第一步：将计算域包围在矩形框内，利用背景网格进行划分。

第二步：根据不同问题的具体指标，给定所有背景网格特定的网格等级。

第三步：网格光滑化处理，即调整网格等级使得每个网格满足两倍边长约束条件。

第一步主要是决定 $x$ 方向和 $y$ 方向的背景网格数目。第二步是根据指标对背景网格进一步划分，不同问题指标可能不同。本书采用种子点的方法描述计算边界和计算敏感区域，其中只有位于计算边界内的有效网格参与计算和网格再划分，对于包含种子点的背景网格，分配最网格等级 sub_max。第三步是为了减小网格的不规则性，即调整网格等级使相邻网格间的等级差不大于 1，以保证程序不出现复杂的网格拓扑关系。

## 3.8.3　自然邻点插值法

结构非均匀网格存在相邻网格间等级不一致的情况，需要采用基于泰森多边形（Thiessen polygon）的自然邻点插值确定同等级别的相邻虚拟单元信息，以便与结构均匀网格的求解形式相统一。对于经过两倍边长约束条件调整的网格来说，需要推导插值公式的相邻网格布置形式共有 3 种，如图 3.10 所示，$ic$ 代表当前计算网格；$in$ 代表需要插值

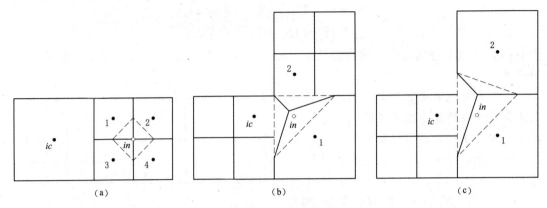

图 3.10　结构非均匀网格插值结构图

的相邻虚拟单元；1，2，3 和 4 表示相邻网格。

图 3.10 所示三种情况对应的插值公式分别如下：

$$U_{in} = \frac{1}{4}(U_1 + U_2 + U_3 + U_4)$$ (3.63a)

$$U_{in} = \frac{U_{ic}}{4} + \frac{U_1}{2} + \frac{U_2}{4}$$ (3.63b)

$$U_{in} = \frac{U_{ic}}{3} + \frac{U_1}{2} + \frac{U_2}{6}$$ (3.63c)

通过上述插值方法可以确定所有有效子网格单元对应同等级别的 4 个方向的相邻单元信息并存储在数组 nei_var($ic$, $k$) 中，式中 var 为水流变量；$ic = 1, 2, \cdots, ncell$ 代表计算网格，$ncell$ 是有效子网格单元的总数目；$k = 1, 2, 3, 4$，分别为西、南、东、北四个方向。在网格生成程序和自适应调整中，每个时间步长都需要进行一次邻点寻址，尽管需要一个额外的数组保存邻点信息，但从数值计算表现来看是更有效率的。

### 3.8.4　自适应网格调整

在水流运动数值模拟过程中，水流信息每次更新后都会计算每个子网格单元的关键变量平均梯度 $\Theta_{ic}$，根据给定的加密准则 $\Theta_r$ 和稀疏准则 $\Theta_c$ 不断调整局部网格密度。以平均水位梯度为例：

$$\Theta_{ic} = \sqrt{(\partial \eta / \partial x)_{ic}^2 + (\partial \eta / \partial y)_{ic}^2}$$ (3.64)

当背景网格等级 $lev <$ sub_max，并且至少有一个子网格单元 $\Theta_{ic} > \Theta_r$，则表示该背景网格需要加密，背景网格等级变为 $lev + 1$；当背景网格等级 $lev > 0$，并且所有子网格 $\Theta_{ic} < \Theta_c$，则表示该背景网格需要稀疏，背景网格等级变为 $lev - 1$。

#### 3.8.4.1　网格加密

网格加密时，母网格均匀划分为四个子网格。根据给定的地形高程资料重新插值计算四个子网格的地形高程以更真实地反映地形状况，然后依据水量、动量守恒原则，对四个子网格内水流要素进行再分配计算。

1．水量分配

四个子网格具有相同的初始水位 $\eta_0$，与母网格水位 $\eta_p$ 满足关系式：

$$\eta_p - z_{b,p} = \frac{1}{4} \sum_{i=1}^{4} \max(\eta_0 - z_{b,i}, 0) \tag{3.65}$$

通过迭代求解式（3.65），给定迭代初值 $\eta_0 = \eta_p$，则存在因水位误差产生的水量误差，根据水量误差计算子网格水位增量 $\Delta\eta$：

$$\Delta\eta = (\eta_p - z_{b,p}) - \frac{1}{4} \sum_{i=1}^{4} \max(\eta_0 - z_{b,i}, 0) \tag{3.66}$$

子网格新的水位 $\eta$ 为

$$\eta = \eta_0 + \Delta\eta \tag{3.67}$$

当迭代至 $\Delta\eta = 0$ 时，即水位 $\eta$ 满足式（3.65），水量守恒条件得到满足。

2．动量分配

划分子网格单元时，流速保持不变，即

$$\begin{cases} u_i = u_p, & v_i = v_p \\ q_{x,i} = h_i u_i, & q_{y,i} = h_i v_i \end{cases} \tag{3.68}$$

在水量守恒的前提下，子网格内水体总动量为

$$\begin{cases} \dfrac{1}{4} \sum_{i=1}^{4} q_{x,i} = \dfrac{u_p}{4} \sum_{i=1}^{4} h_i = u_p h_p \\ \dfrac{1}{4} \sum_{i=1}^{4} q_{y,i} = \dfrac{v_p}{4} \sum_{i=1}^{4} h_i = v_p h_p \end{cases} \tag{3.69}$$

证明了按式（3.68）的分配可以保证网格加密时的动量守恒。

### 3.8.4.2　网格稀疏

网格稀疏时，四个子网格合并成一个母网格。同样地，根据给定的地形高程资料重新插值母网格的地形高程，然后依据水量、动量守恒原则，对母网格内水流要素进行再分配计算。

（1）水量分配。

$$\eta_p = z_{b,p} + \frac{1}{4} \sum_{i=1}^{4} \max(\eta_i - z_{b,i}, 0) \tag{3.70}$$

（2）动量分配。

$$\begin{cases} q_{x,p} = \dfrac{1}{4} \sum_{i=1}^{4} q_{x,i} \\ q_{y,p} = \dfrac{1}{4} \sum_{i=1}^{4} q_{y,i} \end{cases} \tag{3.71}$$

## 3.8.5　自适应网格下浅水方程求解

自适应网格下求解和谐二维浅水方程的计算框架和流程基本与结构均匀网格类似，但需要注意数据重构、通量计算和源项离散等三个部分与结构均匀网格下的求解有所区别。

### 3.8.5.1　数据重构

如图 3.11（a）所示，计算网格 $ic$ 的等级与相邻网格 $e$ 的等级一致：

$$
\begin{cases}
\boldsymbol{U}_{\mathrm{E}}^{\mathrm{L}} = \boldsymbol{U}_{ic} + \dfrac{\psi_{\mathrm{U}}(r_x)}{2}(\boldsymbol{U}_{ic} - \boldsymbol{U}_{iw}) \\[2mm]
\boldsymbol{U}_{\mathrm{E}}^{\mathrm{R}} = \boldsymbol{U}_{e} - \dfrac{\psi_{\mathrm{U}}(r_x)}{2}(\boldsymbol{U}_{e} - \boldsymbol{U}_{ic})
\end{cases} \tag{3.72}
$$

如图 3.11（b）所示，计算网格 $ic$ 的等级比相邻网格 $e$ 的等级高时：

$$
\begin{cases}
\boldsymbol{U}_{\mathrm{E}}^{\mathrm{L}} = \boldsymbol{U}_{ic} + \dfrac{\psi_{\mathrm{U}}(r_x)}{2}(\boldsymbol{U}_{ic} - \boldsymbol{U}_{iw}) \\[2mm]
\boldsymbol{U}_{\mathrm{E}}^{\mathrm{R}} = \boldsymbol{U}_{e} - \dfrac{\psi_{\mathrm{U}}(r_x)}{2}(\boldsymbol{U}_{e} - \boldsymbol{U}_{ew}) + \dfrac{\psi_{u}(r_y)}{4}(\boldsymbol{U}_{e} - \boldsymbol{U}_{es})
\end{cases} \tag{3.73}
$$

式中：$\boldsymbol{U}_{ic}$ 和 $\boldsymbol{U}_{iw}$ 分别为网格 $ic$ 及其东、西相邻虚拟单元的水流变量；$\boldsymbol{U}_{e}$、$\boldsymbol{U}_{ew}$ 和 $\boldsymbol{U}_{es}$ 分别为网格 $e$ 及其西、南相邻虚拟单元的水流变量。

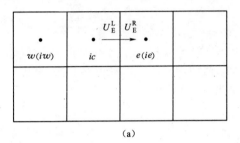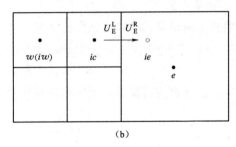

$$\qquad\qquad\qquad\text{(a)}\qquad\qquad\qquad\qquad\qquad\qquad\text{(b)}$$

图 3.11　结构非均匀网格下的数据重构

### 3.8.5.2　通量计算

计算对流数值通量时，若相邻网格等级较高，如图 3.12 所示，为了确保模型的水量和动量守恒，通量公式应当调整为

$$\boldsymbol{F}_{\mathrm{E}} = (\boldsymbol{F}_{\mathrm{E}1} + \boldsymbol{F}_{\mathrm{E}2})/2 \tag{3.74}$$

式中：$\boldsymbol{F}_{\mathrm{E}}$ 为网格 $ic$ 的东界面通量；$\boldsymbol{F}_{\mathrm{E}1}$ 和 $\boldsymbol{F}_{\mathrm{E}2}$ 分别为网格 $e_1$ 和 $e_2$ 的西界面通量。

### 3.8.5.3　源项离散

同样，当相邻网格等级较高时，如图 3.12 所示，界面重构变量采用式（3.73）计算。为了保证格式的和谐性，地形源项等于两项的算术平均值，以 $x$ 方向为例：

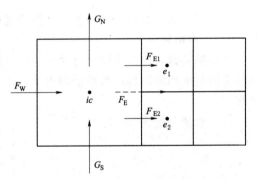

图 3.12　结构非均匀网格下的通量计算

$$g\eta S_{\mathrm{b}x} = 0.5(g\eta S'_{\mathrm{b}x} + g\eta S''_{\mathrm{b}x}) \tag{3.75}$$

其中

$$
\begin{cases}
g\eta S'_{\mathrm{b}x} = -g\eta_{ic}\dfrac{\partial z_{\mathrm{b},ic}}{\partial x} = -g\dfrac{\eta_{ic,\mathrm{W}}^{\mathrm{R}} + \eta_{ic,\mathrm{E}1}^{\mathrm{L}}}{2}\dfrac{z_{\mathrm{b},\mathrm{E}1} - z_{\mathrm{b},\mathrm{W}}}{\Delta x} \\[4mm]
g\eta S''_{\mathrm{b}x} = -g\eta_{ic}\dfrac{\partial z_{\mathrm{b},ic}}{\partial x} = -g\dfrac{\eta_{ic,\mathrm{W}}^{\mathrm{R}} + \eta_{ic,\mathrm{E}2}^{\mathrm{L}}}{2}\dfrac{z_{\mathrm{b},\mathrm{E}2} - z_{\mathrm{b},\mathrm{W}}}{\Delta x}
\end{cases} \tag{3.76}
$$

同理可得 $y$ 方向的地形源项。

# 3.9 GPU 并行技术

## 3.9.1 并行处理方法简介

在 30 多年前，提高处理器的时钟频率是提高计算设备性能最重要的手段之一，也是提高处理器性能最稳定的方法。早期个人计算机中央处理器的时钟频率为 1MHz，现在市场上大多数的处理器的时钟频率比当初要快上 1000 多倍，达到 1～4GHz。近年来，计算机制造商却不得不寻找新的途径代替之前的方法来提高计算机性能。由于集成电路元件中存在各种限制，人们无法在现有的架构上通过提高时钟频率来提高处理器性能，由于晶体管大小已经接近极限以及功耗发热的急剧升高，制造商和研究人员开始寻找其他替代方法来提高处理器性能。

超级计算机在过去数十年间借助个人计算机的发展以相同的方式取得性能上的提升。超级计算机的制造商们除了提高单个处理器的时钟频率，还增加处理器的数量来获取性能上的提升，处理器的数量常常成百上千，这种情形是十分常见的。超级计算机的性能提升方式也反过来启发了个人计算机性能提升的新方向，通过增加个人计算机处理器的数量的方式提升个人计算机性能。2005 年，业界的一些 CPU 制造商开始提供带有两个计算核的处理器。在接下来的几年，他们陆续推出 3 核、4 核、6 核以及 8 核的中央处理器，这种趋势叫作多核革命（multicore revolution）。借助个人计算机处理器数量的增加，相应的并行计算方法例如 MPI，Open MP 等也得到了极大的发展。

与中央处理器传统的数据处理流水线的方式相比，在图形处理器（graphics processing unit，GPU）上执行通用计算是一个比较新的概念。1992 年，硅图公司发布了 Open GL 库，试图将其作为一种标准化的 3D 图形应用程序编写方法，这标志着 GPU 并行计算进入到消费者应用程序中只是时间早晚的问题。英伟达公司在 2001 年发布的 GeForce 3 系列，在硬件中同时包含顶点着色功能和像素着色功能，是计算工业界第一块能够实现 Microsoft DirectX 8.0 标准的芯片。从这一系列开始，开发人员第一次能够对 GPU 的计算实现一定程度的控制。GPU 中的可编程流水线吸引了众多研究人员来探索在 OpenGL 和 DirectX 之外新的领域使用图形硬件。但是早期与 GPU 交互的唯一途径只有通过标准图形接口，使用起来非常复杂，因此在 GPU 上执行通用计算就必然要受到图形 API 编程模型的限制。2006 年 11 月，英伟达公司发布了 GeForce 8800 GTX，为业界第一个 DirectX 10.0 标准的 GPU，这个系列也是第一个基于 NVIDIA 的 CUDA 架构构建的 GPU，之后英伟达公司公布了一款编程语言 CUDA C，用于在 GPU 上进行通用计算的编程。自 CUDA C 发布以来，许多领域例如医学图像、计算流体动力学、环境科学等都尝试以 CUDA C 为基础来构建应用程序，并取得了巨大的成功。基于 CUDA C 编写的代码不仅比之前的代码在性能上提升了数个数量级，而且与传统的在中央处理器（central processing unit，CPU）上运行的代码相比，在 NVIDIA 图形处理器上运行的应用程序的单位成本和单位功耗都要降低很多。

### 3.9.1.1 CPU 并行方法

MPI（message passing interface）可能是当前使用最为广泛的消息传递接口，它是基于进程的，通常在各个大规模计算实验室中应用。在集群的各个节点上，派生出大量进程，这些进程通过基于网络的高速通信链路（如以太网或者 InfiniBand）显示地交换消息，协同完成一个任务。用 MPI 编写的程序实用，高效灵活，可移植性高，既可以在单核多核 CPU 上使用，又可以在集群上使用，并行规模的可控性很强。但是在建立通信的基础上，算法经常会有较大的改动，编程麻烦，性能上也会受到通信网络的影响，并行效率低，内存开销大，不直观。

OpenMP（open multi - processing）是专门面向单个节点或者计算机系统设计的并行计算平台。在使用 OpenMP 时，程序员需要利用编译器指令精确写出并行运行指令。然后编译器根据可用的处理器核数，自动将问题分为 $N$ 部分，实现对问题的可扩展并行处理。OpenMP 相对 MPI 来说更容易实现，且对原串行代码改动较小，更容易理解，但是因为 CPU 内访存宽带的限制，硬件限制较大，目前主要用于循环并行化。

Pthreads（POSIX threads）是 IEEE（电子和电气工程师协会）开发的一组线程接口，主要应用于 Linux 上的多线程应用程序库。同 OpenMP 一样，Pthreads 使用线程而不是进程，因为它是设计用来在单个节点内实行并行处理的，和 OpenMP 不同的是，线程管理和线程同步由程序员控制，这提供了更多的灵活性；显而易见，缺点也很明显，为了使用 Pthreads，开发人员必须为这一 API 编写代码，但是全部固有线程 API 常用的严格限制条件使它需要大量线程专用代码，鉴于需要执行的线程代码的数量，开发人员一直在寻找更简单的 Pthreads 的替代品。

此外，还有 ZeroMQ、Hadoop、Intel IPP、Intel TBB、MapReduce 等多种基于 CPU 并行的多核并行编程方法。

### 3.9.1.2 GPU 并行方法

OpenCL（open computing language）是第一个面向异构系统通用目的编程的开放式、免费标准，利用 GPU 强大的并行计算能力与 CPU 协同工作，更高效地利用硬件完成大规模并行计算。OpenCL 由两部分组成：一部分用于编写内核程序、在 OpenCL 设备上运行的代码；另一部分定义并控制平台的 API，它提供了基于任何和基于数据的两种并行计算机制，极大地扩展了 GPU 的应用范围，不再局限于图形领域。OpenCL 的框架可以概括为平台模型（platform model）、内存模型（memory model）、执行模型（execution model）和编程模型（programing model）。其优点是加速可达数十倍，跨平台，开放，通用性强；缺点是针对高性能的算法库的支持不够多，编程麻烦，可移植性较差。

DirectCompute 是 Microsoft 开发的一种用于 CPU 通用计算的应用程序接口，它除了支持 GPU 通用计算外，还支持 CPU 与 GPU 异构运算，即 CPU 运算复杂的串行代码，GPU 运算大规模的并行代码，分工合作，异步执行。因为集成在 DirectX 中，可以与其中的 D3D 资源（纹理内存、缓存等）有效互操作，在 Windows 平台上对所有类型的显卡供应商提供统一图形 API，以及对不同硬件及产生的超时，都能保证结果的一致性。

CUDA 是 NVIDIA 公司开发的并行计算架构，允许使用标准 C 语言进行 GPU 编程。这个代码同时适用于 CPU 与 GPU。这使得在 GPU 上进行通用计算变得简单方便，你只需要一台 NVIDIA 生产的 GPU 就可以进行 CUDA 程序的编写，获得理想的性能提升。

## 3.9.2 GPU 并行算法

近年来使用数学模型进行数值模拟，已经成为科学和工程领域最重要的研究手段之一。因为 CPU 设计功率的限制，提高单个 CPU 的效率已经不是提高计算效率的最有效的方法，受到多核革命的影响，利用多核处理器提高计算性能的方法已逐渐成为数值模拟领域常见的手段，这就是并行计算。

当前比较成熟的计算浅水水动力数值并行模型，大多是基于 CPU 并行方法 OpenMP 和 MPI 来实现的。计算过程中将计算域划分为多个子区域，由 CPU 启动计算进程，然后每个计算核心分别计算其中的一个或者多个子区域，每个时间步计算结束后，将各个子区域的计算结果，存储在对应的计算节点的内存中，然后与其他计算节点进行数据的交流，再开始下一个时间步长的计算，直到所有计算完成。在缺少高性能计算平台时，并行的效率会受到单个 CPU 的计算性能、内存宽带以及不同处理器之间数据交换效率等多个因素的影响，难以实现对水动力模型的高效模拟。本书基于 GPU 并行编程技术，以有限的条件，将二维浅水水动力数学模型串行代码改写为并行代码，实现高性能数值计算。

CUDA 是 NVIDIA 公司推出的并行计算平台和编程模型，用于在 NVIDIA 公司推出的 GPU 上进行通用计算。CUDA 使开发人员可以利用其强大的功能来实现计算密集型应用程序的可并行化部分的计算加速，大大降低了并行程序的开发难度，目前 CUDA 已经支持 C、C++、Fortran、Python 等多种编程语言。

### 3.9.2.1 GPU 并行与 CPU 并行对比

CPU 是一台计算机的运算核心（core）和控制核心（control unit），它是机器的大脑，也是布局谋略、发号施令、控制行动的总司令官，与内部存储器（memory）和输入/输出（I/O）设备合称为电子计算机的三大核心部件。CPU 是一块超大规模的集成电路，主要结构包括算术逻辑运算单元（arithmetic and logic unit，ALU）、控制单元（control unit，CU）、寄存器（register）、高速缓存器（cache），以及实现它们之间联系的数据（data）、控制及状态的总线（bus）。CPU 在读取到一条指令后，通过指令总线送到控制器中进行译码，并发出相应的操作控制信号，然后运算器按照操作指令对数据进行计算，并通过数据总线将得到的数据存入数据缓存器。因为 CPU 的架构中计算单元只占据了很小的一部分，因此 CPU 在大规模的并行计算能力上受到限制，不擅长数值计算，而架构中大量的空间放置了存储单元和控制单元，所以更擅长于逻辑控制。

GPU 又称为显示核心、视觉处理器、显示芯片，是一种专门在个人电脑、工作站、游戏机和一些移动设备（如平板电脑、智能手机等）上进行图像运算工作的微处理器。GPU 最初是为了电脑游戏设计的，因为在游戏中需要对大量数据重复相同的操作，所以 GPU 面对的是类型高度统一、相互无依赖的大规模数据。由于设计的目标不同，所有 GPU 与 CPU 在架构上有很大的差异，GPU 中有很多的计算单元，流水线也相当长，而逻辑运算单元则设计得相对简单。GPU 的核数远多于 CPU，将相同的指令发送到众核上处理不同的数据，这一架构有利于 GPU 处理海量数据的问题，而且 GPU 相比 CPU 具有更高的访存速度，更高的浮点数运算能力。

但是 GPU 不能脱离 CPU 独自执行某项指令，它不能单独工作，必须由 CPU 进行控制调用才能工作。所以并行计算并不是将所有的工作都放在 GPU 中进行，当处理复杂的逻辑运算和不同的数据类型时，由 CPU 处理；当需要处理大量的类型统一的数据时，则调用 GPU 来完成工作，这就是异构计算。通常所指的异构计算就是 CPU＋GPU 或者 CPU＋其他设备（如 FPGA 等）的协同计算，可利用 CPU、GPU 甚至 APU（accelerated processing units，CPU 与 GPU 的融合）等计算设备来提高系统的计算性能。支持异构系统这种环境的计算也正受到越来越多的关注。

### 3.9.2.2　CUDA 介绍

CUDA 是 NVIDIA 公司推出的并行计算平台和编程模型，用于在 NVIDIA 公司推出的 GPU 上进行通用计算。CUDA 使开发人员可以利用其强大的功能来实现计算密集型应用程序的可并行化部分的计算加速，大大降低了并行程序的开发难度，目前 CUDA 已经支持 C、C++、Fortran、Python 等多种编程语言。本书在 CUDA 开发平台下建立基于 GPU 并行计算的二维浅水水动力模型时，以标准 C 语言作为开发语言，获取最大的性能提升。

在编写 CUDA 程序时，我们通过_global_修饰符将一个函数声明为在 GPU 上执行的核函数（kernel），通过在主机端（host）调用核函数在设备端（device）上执行来对设备端的数据进行操作。线程（thread）是并行程序最基本的构建块，我们可以在调用核函数的时候指定启动线程的数量，以及如何在线程块（block）和线程格（grid）中分配它的数量，这关系到我们是否对所有的数据执行了操作以及程序运行的效率。

CUDA 的编程模型采用单指令多线程（single instruction multiple thread，SIMT）模式，多个线程在同一时间利用不同数据执行同一个指令。在逻辑上，所有的线程是在同一时刻启动的，但是，从硬件的角度来说，所有的线程并不是在同一时刻启动，在核函数启动时，我们规定了启动线程的数量以及线程块的数量，系统会将线程块分配给流多处理器（streaming multiprocessor，SM）来进行处理，同一个线程块里的线程以 32 个单位组成一个单元，称为线程束（warps），同一个线程束里的线程利用不同的数据执行相同的操作，它们共享一个流多处理器的资源，例如寄存器（register）、共享内存（shared memory）、纹理内存（texture memory）。每个流多处理器一次只会执行一个线程块里的一个线程束，但是流多处理器不一定会一次就把这个线程束的所有指令执行完，当正在执行的线程束需要等待时（例如，全局内存 global memory 的存取），就会切换到其他的线程束来继续运算。

实际上，线程束也是 CUDA 程序中每一个流多处理器最小的执行单位。如果一个 GPU 有 16 组流多处理器，那么代表它每次可以同时执行的线程数目是 $16 \times 32$ 个，所以并行并不是逻辑上的全部线程同时执行。但是这也比多核 CPU 编程模型同时执行的线程数要大得多，所以利用 CUDA 编程模型处理海量数据的时候可以在性能上带来极大的提升。

但是并不是所有的程序都适合利用 CUDA 编程模型来提升计算的性能，符合以下条件的程序适合利用 CUDA 编程的高效性带来计算性能的提升：对大量不同的数据执行相同的操作且数据之间的关联性很小；由于 GPU 内计算单元数量远远大于逻辑运算单元，所以分支判断较少的程序能较好地发挥 CUDA 的高性能特性。

满足以上两点的程序适合利用 CUDA 编程来进行计算性能的提升，本书的二维浅水水动力模型很好地契合了这两点，适合利用 CUDA 编程提升计算性能。

从并行算法的设计方面来看，构建基于 GPU 并行的二维浅水水动力模型的重点为：设计并行算法，利用 GPU 的大量线程解决计算密集型高分辨率水动力数值模拟；优化存储数据的访存，合理分配线程的调度，减少全局内存的访问；减少 CPU 与 GPU 之间的数据交换；针对单精度并行计算的高效性与双精度并行数据的准确性，选择适合的数值精度。

### 3.9.3　二维浅水水动力模型的并行化实现

整个核心计算的部分为：将计算域内二维的数据在主机端映射到一维的数组；通过 CUDA 函数 cudaMemcpy 将数据从主机端拷贝到设备端，存储在设备端的全局内存中；调用核函数并采用规约算法计算满足 CFL 稳定条件的合适的时间步长；在主机端计算边界流量分配，并将计算的结果通过 CUDA 函数 cudaMemcpy 拷贝到设备端；调用核函数计算通量并更新下一个时间步长的初始条件；时间步长累计达到模拟时间，时间循环结束，通过 CUDA 函数将计算结果从设备端拷贝到主机端。由此可见，在基于 GPU 并行的二维浅水水动力数学模型这种异构系统中，数据的初始化以及结果输出主要由 CPU 完成，同时 CPU 还兼顾少量的计算，因为开边界流量分配这一部分，模型的流量开边界数量很少，并行度较差，不适合利用 CUDA 并行加速，虽然在 CPU 端与 GPU 端之间有少量的数据传输，但数据量较小，传输消耗的时间小于因为少量数据的低并行度消耗的时间，故该部分计算放在主机端进行，而 GPU 的并行算法则在大规模的密集计算中应用。

在初步建立基于 CUDA 的二维浅水水动力模型后，采用以下方法对并行算法进行了优化。

（1）对于二维流场，无法按照矩阵方式划分线程网格，在并行程序线程网格设计中，将线程组织成一维矩阵形式。在 GPU 并行模型中，所有的计算工作都由流多处理器完成，流多处理器的占用率受到硬件性能的限制，例如每个流多处理器寄存器的数量、共享内存的大小以及每个线程块最大线程数量。因为线程束是一个流多处理器执行的最小单位，所以如果线程块中的线程数量不是 32 的倍数，则每个线程块最后一个线程束里的线程数量不足 32 个，不仅占用流动处理器的资源，而且使得一部分 CUDA cores 处于空闲状态，降低流多处理器的利用率。所以一般线程块里设置的线程数量均为 32 的倍数，最常用的设置为 128、256 和 512，合理分配线程块中的线程个数对 GPU 的计算性能有显著的影响。本书选择在每个线程块中安排 256 个线程，以获取更高的 GPU 利用率。

（2）GPU 设备端的存储器可以分为五大类，按照读写速度快慢排列的顺序为寄存器、共享存储器、常数存储器、纹理存储器、全局存储器（赵旭东，2017）。不同存储器的性能相差巨大，其中全局内存的带宽最小，延迟时间最长，数据传输的时间接近寄存器的 $400 \sim 600$ 倍。本书中对经常用到的变量，例如网格的数量等只读数据，均采用常数存储器；对计算过程中的中间量，均采用寄存器代替全局变量，减少全局内存的访存。但是每个线程块中的寄存器数量是一定的，例如，本书中使用的 GPU 是 Quadro M4000，每个线程格中的寄存器数量为 65536，所以在利用寄存器做访存优化时，所有线程的寄存器数量总和要小于该值，超过该值，会利用本地内存（local memory）来代替寄存器，本地内存的访存速度和全局内存相当，甚至会导致计算错误。

## 3.10　模型验证

### 3.10.1　一维浅水水流模型验证

#### 3.10.1.1　理想溃坝水流

1957 年，Stoker 推导出无阻力、平底、棱柱形矩形断面河道上一维瞬时全溃坝水流的解析解。虽然这种理想条件下的溃坝洪水过程与实际状况上溃坝洪水演进有较大差异，但由于存在解析解，能够检验数学模型的正确性。因此，该算例被广泛应用于水流数学模型验证。

本算例的计算条件为：河道平底，无壁面阻力，河道长 50m，共划分为 100 个网格，忽略坝体厚度，$t=0$ 时刻坝体瞬间全溃，上游给定固壁边界，下游给定自由出流开边界，设置两种计算工况。

1. 下游河床初始水深大于零

初始条件为：坝址位于 $x=10$m，上游水深为 1.0m、流速为 2.5m/s，下游水深为 0.1m、流速为 0。图 3.13 为水深和流速在 $t=2$s、4s、6s、8s 时的数值解与精确解对比分布情况。由图可知，水深、流速的数值解与精确解吻合较优，并且二阶精度的数值解要比一阶精度的数值解更贴合精确解，但两者的流速在激波附近都存在较小幅度的数值振荡。水深分布图呈现"立波"形式推进的洪水波前，与实际洪水波的推进概念相吻合。

2. 下游河床初始水深等于零

初始条件为：坝址位于 $x=20$m，上游水深为 1.0m、流速为 0，下游水深为 0。图

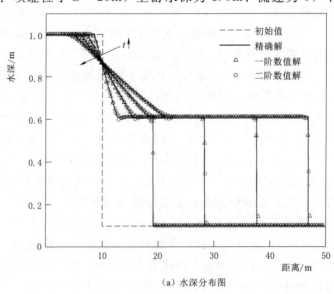

（a）水深分布图

图 3.13（一）　下游河床初始水深大于零时的数值解与精确解对比分布图

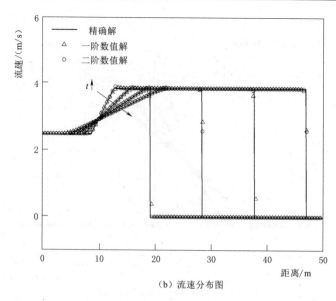

（b）流速分布图

图 3.13（二） 下游河床初始水深大于零时的数值解与精确解对比分布图

3.14 为水深和流速在 $t=1s$、$2s$、$3s$、$4s$ 时的数值解与精确解对比分布情况。由图 3.14 可知，水深数值解与精确解吻合较好，并且二阶精度的数值解要比一阶精度的数值解更贴合精确解；在水深较大区域，流速数值解与精确解吻合较优，而在干湿交界处，数值解与精确解有较大偏差，这与程序设定的干临界水深相关。总体表现来看，二阶数值解都要优于一阶数值解。

### 3.10.1.2 抛物型有阻力地形自由水面振荡

Sampson et al.（2006）提出非线性浅水方程一维受扰动水流在有摩阻抛物型地形下振荡问题的解析解。该算例常用于验证数值格式处理地形源项、摩阻源项以及干湿界面等

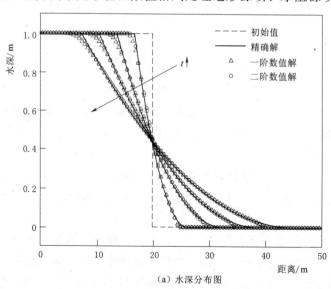

（a）水深分布图

图 3.14（一） 下游河床初始水深等于零时的数值解与精确解对比分布图

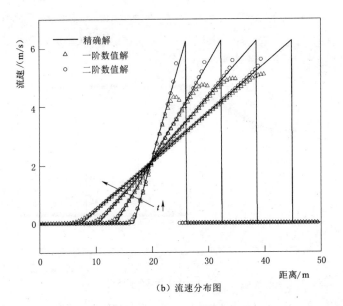

(b) 流速分布图

图 3.14 （二）　下游河床初始水深等于零时的数值解与精确解对比分布图

问题的能力（Liang et al.，2009；Song et al.，2011），相应的河床地形为

$$z_b(x)=h_0(x/a)^2 \tag{3.77}$$

式中：$h_0$ 和 $a$ 为常数。

Sampson 以参数 $\tau$ 表征地形阻力系数，即 $C_f=h\tau/|u|$。当 $\tau<p$ 时，水面线的解析表达式为

$$\eta(x,t)=\max\Big\{z_b(x),h_0-\frac{B^2e^{-\tau t}}{4g}-\frac{e^{-\tau t/2}}{g}\Big[Bs\cos(st)+\frac{\tau B}{2}\sin(st)\Big]x$$
$$+\frac{a^2B^2e^{-\tau t}}{8g^2h_0}\big[-s\tau\sin(2st)+(\tau^2/4-s^2)\cos(2st)\big]\Big\} \tag{3.78}$$

流速的解析解为

$$u(t)=Be^{-\tau t/2}\sin(st) \tag{3.79}$$

式中：$s=\sqrt{p^2-\tau^2}/2$；$p=\sqrt{8gh_0}/a$，为驼峰振幅参数。

由式（3.78）和式（3.79）可知，如果摩阻参数 $\tau=0$，水流呈现周期性往返流动状态；如果摩阻参数 $\tau>0$，当时间 $t$ 趋于无穷时，水位收敛于 $h_0$、流速收敛于 0，即最终呈现静水状态且对应干湿界面位于 $x=\pm a$。

本算例的计算条件如下：计算域长 10000m，共划分为 200 个网格；采用固壁边界条件；相应计算参数为 $a=3000$m，$h_0=10$m，$B=5$m/s；初始水位和流速根据 $t=0$ 时刻的解析解给定。

图 3.15 为输出时间等于半个周期（$t=672.8$s）和四个周期（$t=5382.4$s）的水面线。通过对比发现，摩阻的作用使得水流振荡幅度逐渐减小，整个模拟过程精确地捕捉了不断移动的干湿界面。图 3.16 和图 3.17 展示了均匀网格下点（0，0）处，摩阻参数取不同值 0 和 0.002s$^{-1}$ 时，水深和流速随时间的变化曲线。与解析解对比发现，在整个计算时间

内输出点的数值解和解析解都吻合较好。当 $\tau=0$ 时，与解析解相比较水深和流速，振幅保持恒定；当 $\tau=0.002\mathrm{s}^{-1}$ 时，随着时间的增长，流速逐渐减小直至为 0，水深逐渐恒定为 10.0m。表明本书的数值格式能够较好地处理动干湿界面问题以及半隐式格式离散摩阻源项的有效性和稳健性。

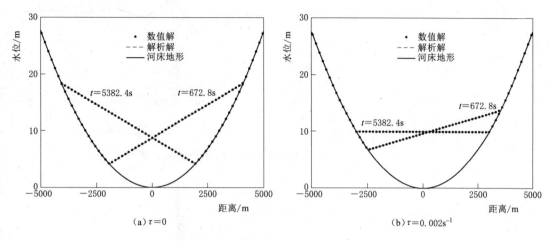

图 3.15　不同时刻水面线对比

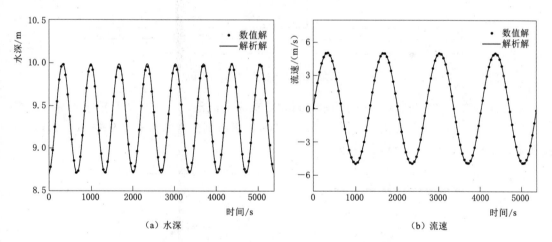

图 3.16　$\tau=0$ 时水深和流速随时间变化曲线图

### 3.10.1.3　三角堰溃坝水流

将由欧洲 CADAM 项目推荐的实验室尺度三角形挡水建筑物溃坝试验作为测试模型模拟溃坝性能的基准算例。本算例的计算条件如下：如图 3.18 所示，计算区域为长 38.0m 的水平河道，共划分为 760 个均匀网格，河床阻力曼宁系数取 $0.0125\mathrm{s/m}^{1/3}$；大坝距离上游边界 15.5m，河道上有一个长 6.0m、高 0.4m 的等腰三角形挡水建筑物，挡水建筑物的顶部位于大坝下游 13.0m 处；大坝上游的初始水深为 0.75m，初始流速为 0，大坝下游的初始水深为 0；上游设定固壁边界，下游设定自由出流开边界。

假设 $t=0$ 时刻大坝瞬时全溃。模型共模拟了 90s 内的溃坝水流运动情况。不同时刻的水位数值结果如图 3.19 所示：$t=1$s 时溃坝水流向下游前进至约 20m 处；$t=3$s 时溃坝

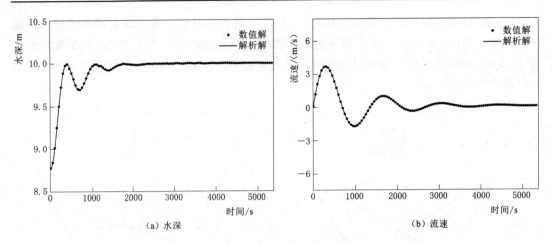

（a）水深                                （b）流速

图 3.17   $\tau = 0.002 \mathrm{s}^{-1}$ 时水深和流速随时间变化曲线图

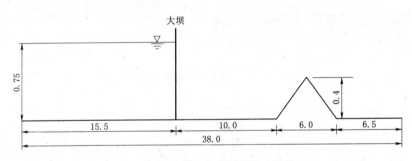

图 3.18   三角堰溃坝试验布置图（单位：m）

水流已到达挡水建筑物；$t = 5 \mathrm{s}$ 时挡水建筑物已被完全淹没；$t = 10 \mathrm{s}$ 时可明显看到由三角堰挡水作用产生的向上游传播的反射波；$t = 30 \mathrm{s}$ 时可看到溃坝波的来回振荡；$t = 90 \mathrm{s}$ 时溃坝波高已减小许多，水面趋于平静。

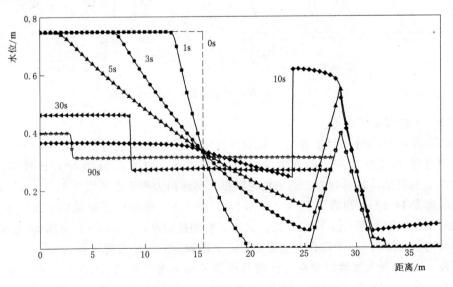

图 3.19   三角堰溃坝水流不同时刻的水位图

图 3.20 给出了不同位置处（距离上游边界 $x=17.5\text{m}$、$19.5\text{m}$、$23.5\text{m}$、$25.5\text{m}$、$26.5\text{m}$、$28.5\text{m}$、$35.5\text{m}$）测点的水深数值解与实测值之间的对比，从图中可以看出：溃坝水流到达所有测点的时间都基本正确，前六个测点的数值解和实测值基本吻合，而位于 $x=35.5\text{m}$ 的第七个测点处，数值解与实测值差异较明显，其他文献也存在类似的问题（Liang et al.，2009；Hou et al.，2013）。

### 3.10.1.4 含水跃跨临界流

将由国际水利工程与研究协会（IAHR）溃坝水流模型工作组选定的具有抛物型地形

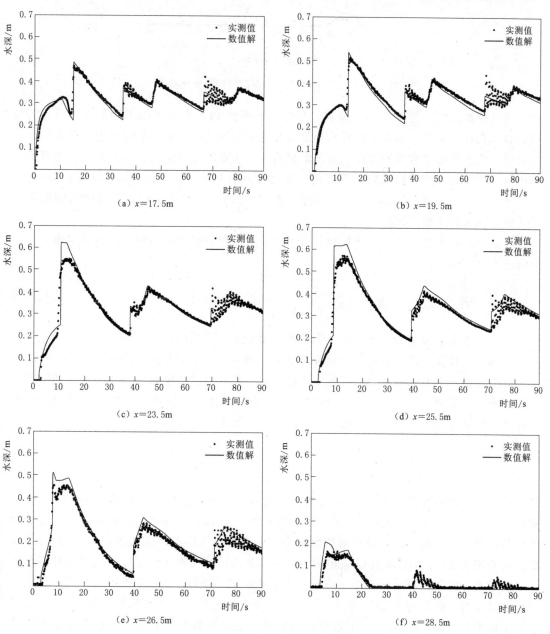

图 3.20（一） 七个测点水深随时间的变化曲线

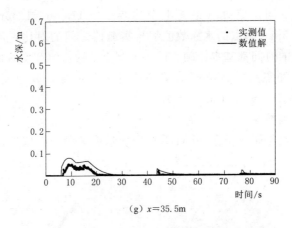

(g) $x=35.5\text{m}$

图 3.20（二）　七个测点水深随时间的变化曲线

的恒定流模拟问题作为基准测试算例。根据初始条件和边界条件的不同，水流可分为缓流、含水跃跨临界流、不含水跃跨临界流以及急流四种工况。如若模型对地形源项的处理不合适，水流模拟中容易发生虚假的动量交换，导致难以达到恒定状态。因此，本算例被国内外学者广泛应用于检验数学模型的和谐性及计算精度（Zhou et al.，2001；Liang et al.，2009；Vázquez-Cendón，1999；张华杰等，2012）。本次模拟主要考虑对模型要求最严格的含水跃跨临界流问题。

　　在数值模拟过程中，通过计算相邻两个时刻水深数值解的全局相对误差判定模拟流态是否已经达到恒定：

$$R = \sqrt{\sum_{i=1}^{N}\left(\frac{h_i^n - h_i^{n-1}}{h_i^n}\right)^2} < 1 \times 10^{-6} \tag{3.80}$$

式中：$R$ 为水深全局相对误差；$N$ 为计算网格总数；$n$ 为时间层。

　　本算例的计算条件如下：计算域为长 25m、宽 1m 的矩形断面、棱柱形河道，共划分为 250 个网格，不考虑河床阻力；上游给定流量边界，下游给定水位边界。再分别设置了三组不同边坡系数（$m=2,4,8$）等腰梯形渠道做对比，以验证格式对地形源项的处理是否满足和谐性和对边坡系数的敏感性。地形定义如下：

$$z_b(x,y) = \begin{cases} 0.2 - 0.05(x-10)^2 & [x \in (8,12)] \\ 0 & （其他） \end{cases} \tag{3.81}$$

　　设定上游流量边界 $0.18\text{m}^3/\text{s}$，下游水位边界 0.33m，为使模型快速稳定收敛，设置初始水位 0.33m，初始流量 $0.18\text{m}^3/\text{s}$。结果如图 3.21 所示，模型精准地预测了水跃发生的位置，整个计算域模拟结果与解析解吻合较好，基本无误差，证明 Ying et al.（2008）提出的采用通量 $f_1$ 作为流量 $Q$ 输出的方法是有效的，而其他文献在计算该算例时都存在一定的误差，例如：Zhou et al.（2001）、Liang et al.（2009）、张华杰等（2012）分别观察到的最大流量误差为 10%、15%、15%。若考虑断面形状为等腰梯形，图 3.22 对比了不同边坡系数（$m=2,4,8$）下模型的数值解：随着边坡系数的增加，水跃发生的位置越靠近上游并且相对应弗劳德数的最大值越小。

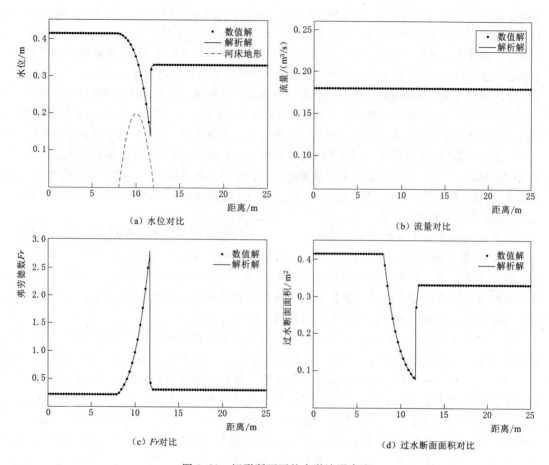

（a）水位对比

（b）流量对比

（c）Fr对比

（d）过水断面面积对比

图 3.21　矩形断面下的有激波混合流

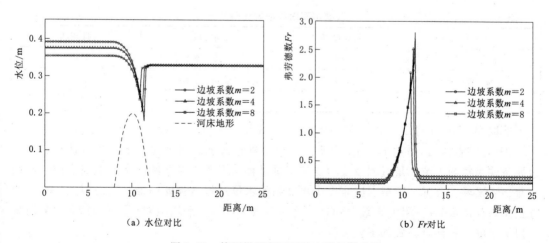

（a）水位对比

（b）Fr对比

图 3.22　等腰梯形断面下的有激波混合流

### 3.10.1.5　三峡库区水面线计算

三峡水库坝址坐落于湖北宜昌，是世界上最大的水利工程。三峡水库是典型的河道型水库，库区内干流长度为 660km，水域面积达 1080km$^2$，正常蓄水位 175 m，汛期防洪限制水位 145m，相应的总库容为 393 亿 m$^3$，防洪库容为 221.5 亿 m$^3$，兴利库容为 165 亿 m$^3$。三峡水库在长江流域防洪、发电、航运、灌溉起到重要的作用。在汛期（6—9 月），防洪是三峡水库最重要的任务，保护下游人民的生命财产安全。三峡水库入库流量由上游干流来水、沿程各支流以及库区区间入流三部分组成，集水面积为 55907km$^2$。三峡水库位于亚热带季风区域，年降雨量为 1000~1600mm，年平均降雨量约为 1200mm（Zhang et al.，2005）。地形地貌特征复杂，区间入流快速集中汇入干流，对入库流量的贡献巨大。王佰伟等（2011）通过分析了三峡库区 1956—2000 年期间 880 场洪水，研究了区间入流对洪峰的贡献。他的研究表明区间入流对入库洪水的影响是巨大的。区间入流对入库流量峰值的贡献最高能达到 50%，平均贡献值为 20%。平均区间入流值为 3524m$^3$/s，最高能达到 25000m$^3$/s。在洪峰值超过 50000m$^3$/s 的洪水过程中区间入流平均能贡献 12000m$^3$/s。

计算区域选取在上游朱沱至坝前 700 多 km 的河段，共 377 个计算断面，断面间距约 1.0~4.0km，包括嘉陵江、乌江、小江、汤溪河、磨刀溪、大宁河、沿渡河、清港河、香溪河共 9 条支流。计算之前需要提供一条初始水面线，初始水面线越接近实际水面线，则计算结果越早收敛于实际值。根据调洪演算和计算的特点，可以采用实测水文资料插值和恒定流水面线计算两种方法确定初始水面线。

在实时洪水计算中，初始水面线根据实测沿程水位站点的水位进行插值得到，因此在进行水动力学计算和动库容计算中，往往在调洪开始时间以前，提前计算一段时间。在该段时间内，尽量采用实测历史水位和流量等条件，使得在调洪开始时间的水面线接近实际值。上游边界条件选取为进口断面的流量变化过程，下游的边界条件为坝前的水位过程。

三峡库区河道断面形态十分复杂，地形也复杂，河床比降较大。考虑到计算三峡水库河道长达 700km，各段糙率可能有所区别，为保证模型计算精度，将整个计算河段分成朱沱—寸滩、寸滩—清溪场、清溪场—万县、万县—奉节、奉节—巴东、巴东—坝址 6 个河段，分段设置河道糙率。各段河道糙率设置见表 3.1。

表 3.1　　　　　　　　　三峡水库沿程河段糙率分布

| 河　段 | 河床糙率 | 河　段 | 河床糙率 |
|---|---|---|---|
| 朱沱—寸滩 | 0.043 | 万县—奉节 | 0.045 |
| 寸滩—清溪场 | 0.046 | 奉节—巴东 | 0.067 |
| 清溪场—万县 | 0.039 | 巴东—坝址 | 0.072 |

选取 2007 年 3 月 5—12 日（工况 1）、2008 年 2 月 3—10 日（工况 2）、2009 年 4 月 2—9 日（工况 3）3 个时间段的实测水位对模型进行验证。用水动力模型进行计算，上游边界条件为实测朱沱流量过程及实测支流流量过程，下游边界条件为实测坝前水位。利用寸滩、清溪场、万县、奉节、巴东 5 个水文站的水位过程来验证一维水动力模型。利用均方根误差（RMSE）、相关系数（CC）、效率系数（CE）、平均绝对误差（MAE）来衡量模拟值精度，各计算公式如下：

$$\text{RMSE} = \sqrt{\dfrac{\sum_{j=1}^{M}(X_j^{\text{obs}} - X_j^{\text{est}})^2}{M}} \tag{3.82}$$

$$CC = \frac{\sum\limits_{j=1}^{M}(X_j^{obs} - \overline{X_j^{obs}})(X_j^{est} - \overline{X_j^{est}})}{\sqrt{\sum\limits_{j=1}^{M}(X_j^{obs} - \overline{X_j^{obs}})^2 \sum\limits_{j=1}^{M}(X_j^{est} - \overline{X_j^{est}})^2}} \qquad (3.83)$$

$$CE = 1 - \frac{\sum\limits_{j=1}^{M}(X_j^{obs} - X_j^{est})^2}{\sum\limits_{j=1}^{M}(X_j^{obs} - \overline{X_j^{obs}})^2} \qquad (3.84)$$

$$MAE = \left| \frac{\sum\limits_{j=1}^{M}(X_j^{obs} - X_j^{est})}{M} \right| \qquad (3.85)$$

式中：$M$ 为观测值个数；$X_j^{obs}$ 为实测值；$X_j^{est}$ 为模型模拟值。

计算结果如图 3.23～图 3.25 所示。

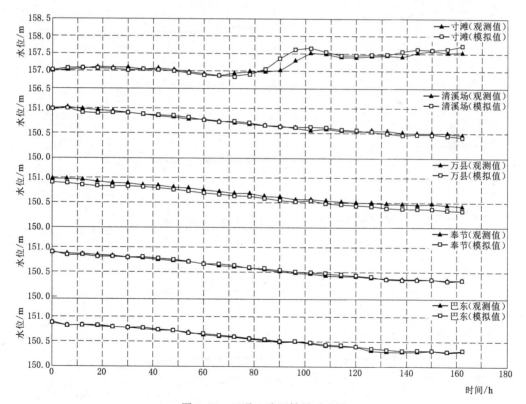

图 3.23　工况 1 验证结果对比图

各水文站水动力模型模拟水位过程与实测水位过程吻合良好，均方根误差小于 0.07m，最小均方根误差为 0.015m，相关系数最大为 0.984，平均绝对误差都在 0.06m 之内，最小平均绝对误差为 0.012m（表 3.2）。由计算结果可知，在无区间入流影响时一维水动力模型模拟值与观测值吻合良好，有较高的计算精度。

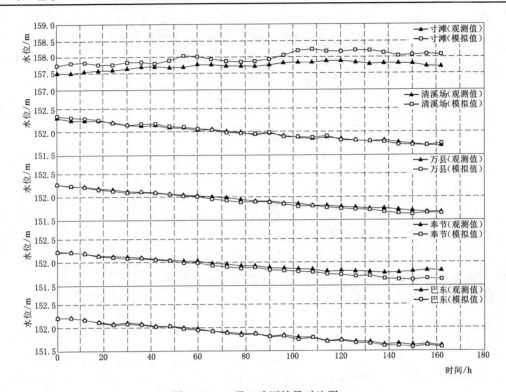

图 3.24　工况 2 验证结果对比图

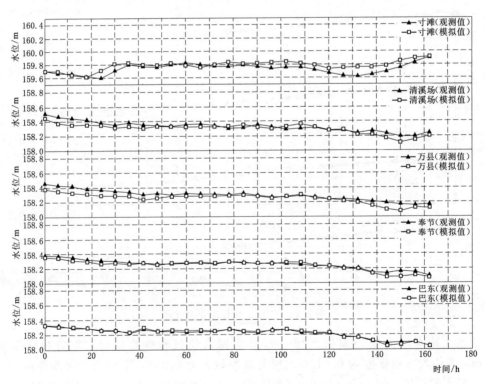

图 3.25　工况 3 验证结果对比图

**表 3.2** 水 位 验 证 表

| 水文（位）站 | RMSE/m | CC | CE | MAE/m |
|:---:|:---:|:---:|:---:|:---:|
| 寸滩 | 0.069 | 0.775 | 0.910 | 0.057 |
| 清溪场 | 0.047 | 0.868 | 0.609 | 0.039 |
| 万县 | 0.053 | 0.910 | 0.514 | 0.044 |
| 奉节 | 0.027 | 0.951 | 0.837 | 0.021 |
| 巴东 | 0.015 | 0.984 | 0.958 | 0.012 |

## 3.10.2 二维浅水水流模型验证

### 3.10.2.1 三驼峰溃坝水流

由 Kawahara 和 Umetsu 于 1986 年提出的三驼峰溃坝水流问题，包含了复杂地形、摩擦阻力、干湿界面等条件下的非恒定水流运动过程（Ying et al.，2008），被国内外学者广泛应用于检验模型格式和谐性、计算稳定性、处理复杂地形和动态干湿界面变化的能力（Liang，2010；Liang et al.，2009；Zhang et al.，2015；毕胜等，2013）。

本算例的计算条件如下：如图 3.26 所示，计算域为长 75m、宽 30m 的矩形河道，河床曼宁系数取 $n=0.018\mathrm{s/m^{1/3}}$，大坝位于 $x=16\mathrm{m}$ 处，不考虑大坝的厚度。大坝上游初始水深为 1.875m，初始流速为 0；下游为干河床，河床地形为三个驼峰，其中两个小驼峰对称分布，高为 1m，另外一个驼峰高 3m。河道四周给定固壁边界条件。相应的河床地形为

$$z_b(x,y)=\max[0,1-0.125\sqrt{(x-30)^2+(y-6)^2},$$
$$1-0.125\sqrt{(x-30)^2+(y-24)^2},$$
$$3-0.3\sqrt{(x-47.5)^2+(y-15)^2}] \tag{3.86}$$

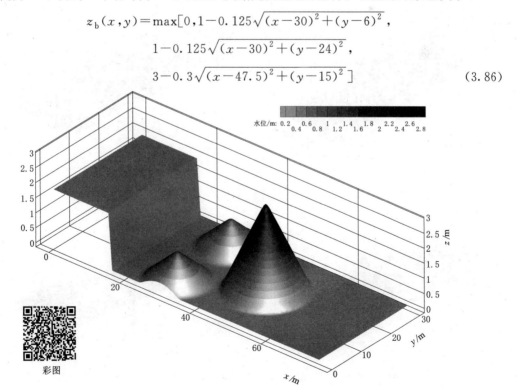

图 3.26 三驼峰溃坝水流初始状态

假设 $t=0$ 时刻大坝瞬时全溃。考虑到河床地形和初始条件均关于计算域中心线 $y=15\text{m}$ 对称，因此网格划分为 $150\times60$ 的对称矩形网格，以保证任意时刻的计算结果关于中心线 $y=15\text{m}$ 对称。模型共模拟了 300s 内的水流运动状况。图 3.27 给出了 6 个不同时刻（$t=2\text{s}$、6s、12s、24s、30s、300s）的三维水面数值结果，直观地展示了三驼峰地形下溃坝水流的演进过程。

如图 3.27 所示，当 $t=2\text{s}$ 时，溃坝水流已到达小驼峰，并向上攀爬；当 $t=6\text{s}$ 时，溃

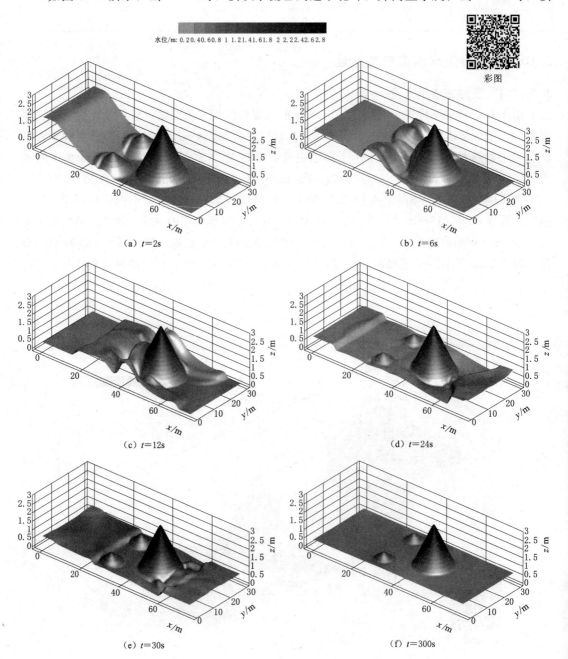

图 3.27　三驼峰地形下溃坝水流的三维水面演进图

坝水流完全淹没了小驼峰，并向高驼峰顶部前进；当 $t=12s$ 时，小驼峰重新出露，大部分水流从高驼峰两侧流过并向下游传播，从流场图可以清楚地看出绕流现象；当 $t=24s$ 时，溃坝水流已将下游全部淹没，并通过下游固壁对水流的反射作用产生壅水现象；当 $t=30s$ 时，由于溃坝水流的传播与反射，上游水位进一步降低，下游水位逐渐提高；当 $t=300s$ 时，通过溃坝水流之间、溃坝水流与固壁边界相互作用以及溃坝水流与河床间的摩擦阻力产生的能量耗散，水流已趋于静止状态。在溃坝波的传播过程中，小驼峰曾被水流完全淹没，其淹没和出露过程明显，而高驼峰顶部未被水流淹没。同时，溃坝波与驼峰及固壁作用，产生向上游传播的反射波。纵观整个模拟过程，溃坝水流的演进一直保持着良好的对称性，水流运动基本符合物理规律，与 Liang（2010）的计算结果相似。

图 3.28 为 6 个时刻对应的水深和流场图，可以直观地看出任意时刻的数值结果均关于中心线 $y=15m$ 对称，配合三维水面图可更为立体地展示溃坝水流的传播特性。由于算例四周为固壁边界，程序在运行过程中应该保持水量恒定为 $900m^3$。因此，模型统计了水量随时间的变化曲线，发现最大水量误差绝对值为 $1.5\times10^{-11}m^3$，表明模型具有良好的水量守恒性。

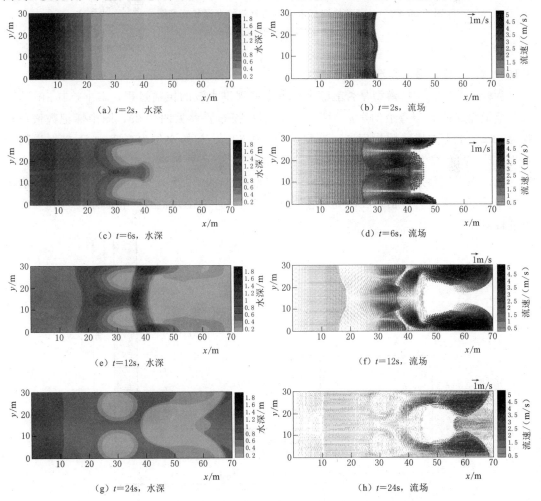

（a）$t=2s$，水深 　　　　　　（b）$t=2s$，流场

（c）$t=6s$，水深 　　　　　　（d）$t=6s$，流场

（e）$t=12s$，水深 　　　　　　（f）$t=12s$，流场

（g）$t=24s$，水深 　　　　　　（h）$t=24s$，流场

图 3.28（一）　三驼峰溃坝水流不同时刻的水深和流场图

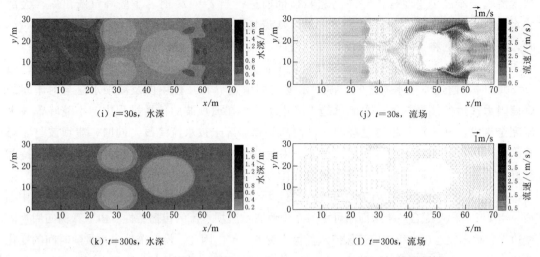

图 3.28（二）　三驼峰溃坝水流不同时刻的水深和流场图
（请扫描右方二维码查看彩图）

### 3.10.2.2　L 型弯道明渠溃坝水流模拟

为验证非结构网格模型是否能够真实再现溃坝洪水波的传播过程，本书选择由 CAD-AM 组织完成的 L 型弯道明渠溃坝模型。模型平面布置参见图 3.29，图中标记数值单位均为 mm，上游方形区域为库区，高程设为 -0.33m，初始水位为 0.2m，下游渠道高程均为 0，初始水位为 0.01m，底部糙率均取 0.012，模型采用自由出流边界。对于整个计算区域，采用三角形网格剖分计算区域，节点数共计 29030 个，单元共计 56742 个。为了对模型计算效果进行评估，在研究域选取 P1～P6 共计 6 个观测点，将其水位过程与实测值进行对比。

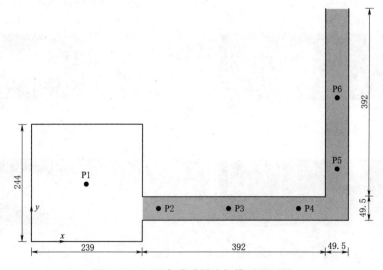

图 3.29　L 型弯道明渠溃坝模型平面图

本次溃坝模拟总时长为 40s，采用定时间步长 0.001s 进行数值模拟，在 $t=0s$ 时刻坝体突然溃决，水体进入下游渠道，图 3.30 为 6 个测点实测值与计算值对比结果。P1 位于库区，溃坝发生后该处水位逐渐下降，且下降速率逐渐减小，该点模拟值与实测值的拟合效果最优。P2、P3、P4 均位于坝体正下游渠道内，三点水位过程相似，均存在两个水位突增的趋势。对于第一个突增，溃坝波沿 $x$ 正向传递，P2 至 P4 发生的时间逐渐增加，且随着水流的传播峰值依次减小；第二个突增主要是溃坝波沿 $x$ 正向达到直角弯后，形成向上游（$x$ 负向）传播的反射涌波，因此 P4 至 P2 发生的时间逐渐增加，且随着水流的传播峰值依次减小。对于 P5、P6，均能准确捕捉水位突然增加的时刻，但 P6 在 15s 后模拟的水位值低于实测值，但整体趋势与实测值基本一致。总体来看本模型能够较好地模拟这类地形存在突变的溃坝水流。

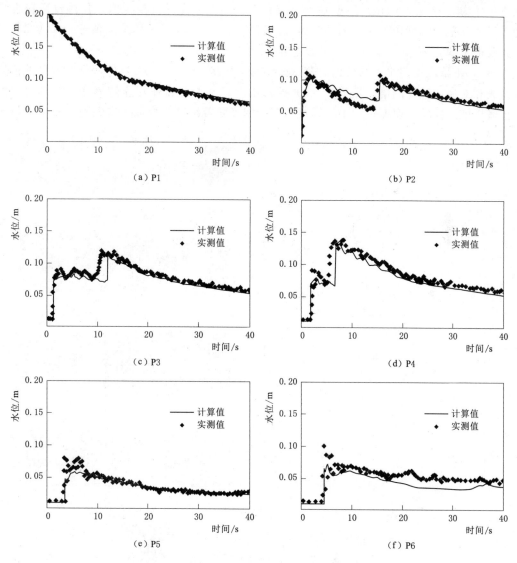

图 3.30　测点 P1～P6 水位计算值与实测值对比

### 3.10.2.3　恒定均匀流场中的瞬时点源随流扩散

采用恒定均匀流场中的点源对流扩散问题（Zhang et al.，2015），验证基于自适应网格的模型对污染物迁移扩散特性反映的精确性。

本算例的计算条件如下：恒定均匀流场的水深 $h=1\mathrm{m}$、流速 $u=1\mathrm{m/s}$、$v=0$，计算域为长 800m、宽 200m 的平底无摩阻河床。该算例中污染物浓度的解析表达式为

$$c(x,y)=\frac{C_0/h}{4\pi t\sqrt{D_x D_y}}\exp\left[-\frac{(x-x_0-ut)^2}{4D_x t}-\frac{(y-y_0)^2}{4D_y t}\right] \tag{3.87}$$

式中：$C_0=233.06$；扩散系数 $D_x=1.02\mathrm{m^2/s}$，$D_y=0.094\mathrm{m^2/s}$；$t$ 为模拟时间；点源坐标为 $(x_0,y_0)=(0,100)$。四周边界条件均采用自由出流开边界；初始背景网格数目为 $100\times25$，给定网格最高等级 sub_max=3，即背景网格尺寸为 $\Delta x=\Delta y=8\mathrm{m}$，最高等级网格尺寸为 $\Delta x=\Delta y=1\mathrm{m}$；根据式（3.87），以 $t=60\mathrm{s}$ 设置模型初值。具体自适应标准为：以浓度平均梯度作为判别因子，对应加密阈值 $\Theta_r=0.002$、稀疏阈值 $\Theta_c=0.001$。模型共模拟了 600s 内的污染物迁移扩散过程。

图 3.31 给出了四个不同输出时刻（$t=60\mathrm{s}$、$240\mathrm{s}$、$420\mathrm{s}$、$600\mathrm{s}$）的污染物浓度数值解等值线和对应的计算网格。从 $t=60\mathrm{s}$ 开始，浓度场随着水流作用作随流迁移，同时向四周传播扩散。在整个模拟过程中，计算网格的密度随着浓度改变而动态调整，模型自始至

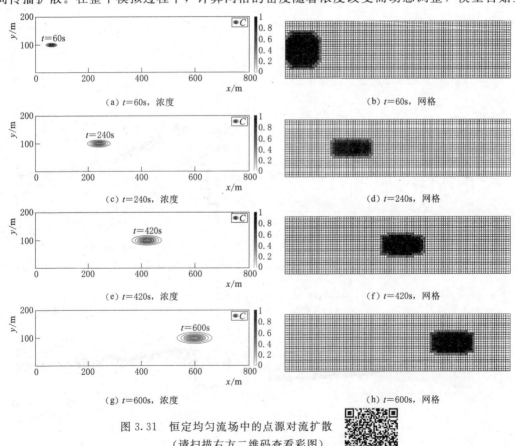

（a）$t=60\mathrm{s}$，浓度　　　　　　　　　　（b）$t=60\mathrm{s}$，网格

（c）$t=240\mathrm{s}$，浓度　　　　　　　　　　（d）$t=240\mathrm{s}$，网格

（e）$t=420\mathrm{s}$，浓度　　　　　　　　　　（f）$t=420\mathrm{s}$，网格

（g）$t=600\mathrm{s}$，浓度　　　　　　　　　　（h）$t=600\mathrm{s}$，网格

图 3.31　恒定均匀流场中的点源对流扩散
（请扫描右方二维码查看彩图）

终以高分辨率网格精确捕捉大浓度梯度区域，从而使计算网格总数目得到最优化配置。图 3.32 为直线 $y = 100\text{m}$ 的浓度数值解与解析解的对比情况，两者在各个输出时刻都吻合得非常好。同时，对比结构均匀网格和结构非均匀自适应网格同等精度的实际计算用时发现：前者需要 4394.2s，而后者仅需 223.1s，说明建立的自适应模型在满足精度要求的前提下，计算效率方面有较大提升。

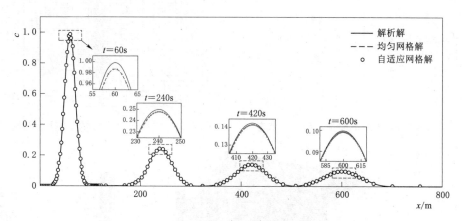

图 3.32 恒定均匀流场中不同输出时刻的浓度对比图

### 3.10.2.4 二维非对称局部溃坝水流

为了进一步验证自适应网格模型是否能够真实再现溃坝洪水波的传播过程，本书选择由 Fennema 和 Chaudhry 首先提出的二维非对称局部溃坝水流问题（Fennema et al.，1990），并在下游给定四个方形柱以考察模型的计算稳定性和对强间断地形的处理能力。

本算例的计算条件如下：模型初值设置如图 3.33 所示，计算域为长 200m、宽 200m 的正方形河床，曼宁系数取 $n = 0.02\text{s/m}^{1/3}$；无限薄大坝位于 $x = 100\text{m}$ 处；上游水位 $\eta_\text{上} = 10\text{m}$、水平地形 $z_\text{b} = 2\text{m}$，下游水位 $\eta_\text{下} = 5\text{m}$、半倾斜状地形 $z_\text{b} = -0.02x + 4$，下游距大坝 50m 处设置四个等距、边长为 10m、高为 10m 方形柱；四周边界给定固壁边界条件。

假设 $t = 0$ 时刻大坝瞬时局部溃决，溃口宽 75m。考虑污染物与水流充分混合，浓度为常数 $c = 1.0$；初始背景网格数目为 $40 \times 40$，给定网格最高等级 sub_max = 2，即背景网格尺寸为 $\Delta x = \Delta y = 5\text{m}$，最高等级网格尺寸为 $\Delta x = \Delta y = 1.25\text{m}$；初始计算网格如图 3.34 所示，在坝址及方形柱周围处布置种子点，共有 3808 个网格。具体自适应标准为：以水位平均梯度作为判别因子，对应加密阈值 $\Theta_r = 0.06$、稀疏阈值 $\Theta_c = 0.01$；模型共模拟了 9.5s 内的溃坝水流传播状况。

如图 3.35 所示，自溃决开始，溃坝波以稀疏波的形式向上游传播，以近似圆弧形的激波向下游传播，受方形柱的阻挡作用形成反射波，在坝后柱前形成小范围的雍水区，水位相对较高较陡。从图 3.35（a）～（c）中均可以看出坝后溃口边缘存在大漩涡，符合物理规律，并与 Liang et al.（2004）、Liu et al.（2010）的研究结果一致；同时，可以观察到溃坝波即将达到最下方的方形柱，并在其余三个方形柱四周形成局部小漩涡。如图 3.35（d）所示，模型利用动态自适应网格，自动获取水位梯度较陡区域如激波锋线和漩

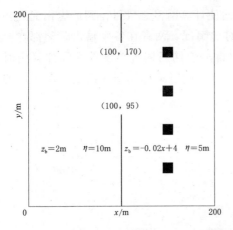

图 3.33　二维非对称局部溃坝水流初始状态

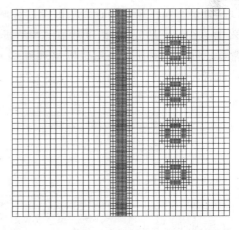

图 3.34　二维非对称局部溃坝水流初始网格

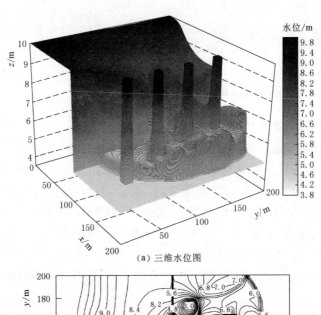

彩图

（a）三维水位图

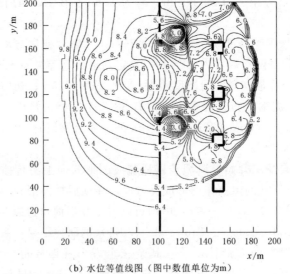

（b）水位等值线图（图中数值单位为m）

图 3.35（一）　二维非对称局部溃坝水流在 $t=9.5\mathrm{s}$ 时的数值解

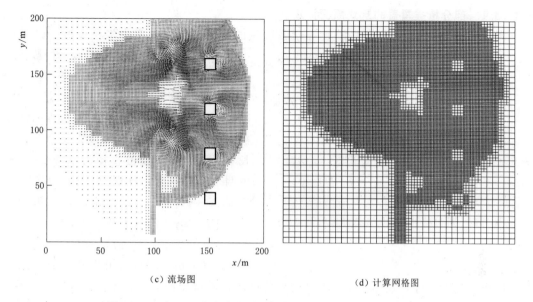

(c) 流场图　　　　　　　　　　　　　　　(d) 计算网格图

图 3.35（二）　二维非对称局部溃坝水流在 $t=9.5\text{s}$ 时的数值解

涡的高精度解；同时，考虑到算例四周为固壁边界条件，程序在运行过程中应该保持水量恒定为 238400$\text{m}^3$，故模型统计了水量随时间的变化曲线，发现最大水量误差绝对值为 $7.82\times10^{-9}\text{m}^3$，表明自适应网格模型具有良好的水量守恒性。对比结构均匀网格和结构非均匀自适应网格同等精度下的实际计算用时，发现前者需要 29.0s，而后者仅需 11.2s，进一步表明本书的自适应格式兼顾计算效率与数值精度的要求。

## 3.10.3　植被作用下的水流运动模拟

植被处理方法采用 2.2.2 节介绍的拖曳力法和等效曼宁系数法。共选取了五个算例，分别是：部分植被覆盖的复式断面河道、植被覆盖一侧的矩形河道、两侧局部覆盖植被的矩形河道、孤波在植被覆盖河道中传播和孤波爬高植被覆盖的斜坡。工况设置情况见表 3.3。针对不同的植被密度、不同的植被分布方式以及不同的水流条件进行模拟，将数学模型计算结果同试验测量值进行对比，验证模型的合理性。

表 3.3　　　　　　　　　　　　　　　　工况编号和植被分布情况

| 算　例 | 工况编号 | 植被分布 | 算　例 | 工况编号 | 植被分布 |
|---|---|---|---|---|---|
| 3.10.3.1 节 | A-1 | 有 | 3.10.3.3 节 | C-3 | 有 |
| | A-2 | 有 | 3.10.3.4 节 | D-1 | 有 |
| 3.10.3.2 节 | B-1 | 有 | | D-2 | 有 |
| | B-2 | 有 | 3.10.3.5 节 | E-1 | 无 |
| 3.10.3.3 节 | C-1 | 有 | | E-2 | 有 |
| | C-2 | 有 | | | |

### 3.10.3.1　部分植被覆盖的复式断面河道

本算例是 Pasche et al.（1985）等学者所做的模拟河漫滩的室内水槽试验。试验在

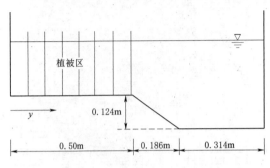

图 3.36　部分植被覆盖的复式断面河道试验断面布置图

一倾斜循环式水槽中进行，水槽全长 25.5m，宽 1m，高 1m，底坡坡度为 0.0005，水槽无植被时曼宁系数是 0.01。断面形状及植被布置如图 3.36 所示，植被为非淹没植被，植被区域宽度为 0.5m，长度为 25.5m，植被直径为 0.006m，考虑两个植被密度，分别为 0.013（定义为工况 A-1）和 0.025（定义为工况 A-2）。工况 A-1 流量为 0.0345m³/s，水深为 0.2m；工况 A-2 流量为 0.0365m³/s，水深为 0.2m。试验采用激光多普勒测速仪（LDV）测量流速，在植被与无植被交界的区域，动量交换强烈，水流结构非常复杂，水位、流速等水流变量在时间和空间上处于动态变化中。为了减少时间和空间上的差异，选取数值模拟一段时间内的多个断面流速数据进行空间和时间上的平均，得到最后的横断面流速分布。

选择拖曳力法和等效曼宁系数法两种方法处理植被引起的额外阻力。拖曳力系数 $C_d$ 取为常数为 1.5，二次流附加阻力系数 $k$ 取为 $-0.13$，$\Delta x = \Delta y = 0.25$m，CFL 取 0.9。图 3.37 和图 3.38 分别对比了两种工况下试验测量流速值与计算值，采用两种方法的计算值与实测值吻合良好。相比于拖曳力法，等效曼宁系数法表现更好，与实测值的误差更小。植被区由于植被的排水作用，流速较小；非植被区流量增加，流速增大。建立的数学模型能够较好地反映植被区与非植被区之间较大的流速梯度，以及主河道流速峰值的大小和位置。图 3.39 对比采用曼宁等效系数数值方法模拟的两种工况下的断面纵向平均流速，可以看出植被密度增加，植被区流速较少，相应的主河道流速以及植被区与非植被区的流速梯度均变大。

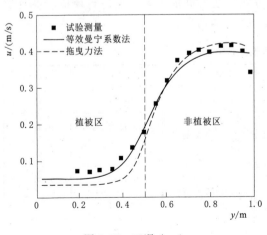

图 3.37　工况 A-1

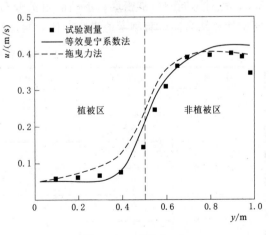

图 3.38　工况 A-2

### 3.10.3.2 植被覆盖一侧的矩形河道

本算例是 Tsujimoto et al.（1995）等学者所做的室内水槽试验。试验采用矩形断面水槽，长 12.0m，宽 0.4m，床底糙率取 0.015，水槽底坡坡度为 0.0017。植被采用刚性圆柱形玻璃棒模拟，直径为 0.0015m，植被区域宽度为 0.12m，植被在纵向覆盖全部河道。数值计算两个试验工况，分别记为工况 B－1 和工况 B－2。工况 B－1：水深为 0.0457m，平均流速为 0.32m/s，植被间距 0.028m，植被密度 $c$ 为 0.0023。工况 B－2：水深为 0.0428m，平均流速为

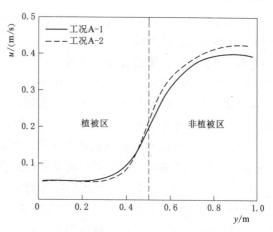

图 3.39 工况 A－1 与工况 A－2 断面纵向平均流速对比

0.276m/s，植被间距 0.02m，植被密度 $c$ 为 0.0044。具体工况布置见图 3.40 和图 3.41。

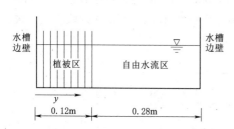

图 3.40 植被覆盖一侧的矩形河道断面布置图

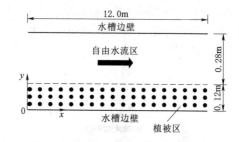

图 3.41 植被覆盖一侧的矩形河道平面示意图

植被引起的额外阻力采用等效曼宁系数法，拖曳力系数取 1.5，形状系数取 1，二次流附加阻力系数 $k$ 取为 0.2，$\Delta x = \Delta y = 0.02$m，CFL 取 0.9。断面平均流速计算结果与试验测量对比结果见图 3.42 和图 3.43，数据结果吻合较好。受植被引起的阻力的影响，植被区的流速显著小于自由水流区，植被区与自由水流区之间存在较大的流速梯度。自由水流区受一侧植被与一侧水槽边壁的影响，流速会在自由水流区存在一个峰值，数学模型可

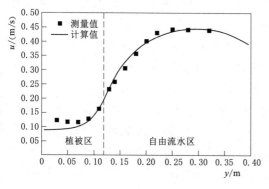

图 3.42 工况 B－1

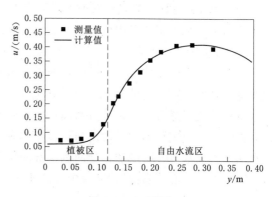

图 3.43 工况 B－2

以准确地模拟峰值的位置和大小。植被密度的增加会引起水流更多流向自由水流区,两者间的流速梯度也会随之增加。

### 3.10.3.3 两侧局部覆盖植被的矩形河道

本算例是 Struve et al.(2012)在 Bradford 大学所做的水槽试验,矩形断面水槽长 9.0m,宽 1.2m,水槽末端有尾堰控制水位,水槽上游入流流速在 $0.07\sim0.3\text{m/s}$ 之间变化,对所有试验设置水深为 0.2 到 0.3m 不等,相应的水槽雷诺数在 $24000\sim90000$ 之间。一个 $1.2\text{m}\times1.2\text{m}$ 的薄板区域被置于水槽底部,薄板右侧边缘距离尾堰大约 1m。植被模型采用圆柱形木楔制作,植被模型被规则地安装在薄板上。试验进行了三组工况,分别记为工况 C-1、工况 C-2 和工况 C-3,试验流量为 $0.11\text{m}^3/\text{s}$,水深为 0.3m,试验过程中植被未被水流淹没。工况 C-1:植被模型数量为 220 个/m²,植被密度为 0.025,植被直径为 0.012m。工况 C-2:植被模型数量为 110 个/m²,植被密度为 0.042,植被直径为 0.022m。工况 C-3:植被模型数量为 55 个/m²,植被密度为 0.05,植被直径为 0.034m。

植被模型对称分布在渠道中心线两侧,每侧植被区域宽度均为 0.34m。沿水槽中心线 $y=0.6\text{m}$ 设置 12 个观测点测量流速数据。各观测点的位置分别距离尾堰 1m、1.25m、1.75m、2m、2.25m、2.5m、3m、4m、5m、6m、7m。具体工况布置示意图见图 3.44。植被引起的额外阻力采用等效曼宁系数法,拖曳力系数取 1.5,形状系数取 1,二次流附加阻力系数 $k$ 取为 0.1,$\Delta x = \Delta y = 0.03\text{m}$,CFL 取 0.9。

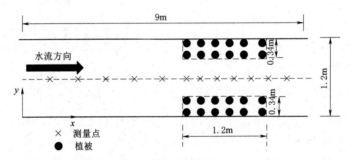

图 3.44 两侧局部覆盖植被的矩形河道试验布置平面示意图

1. 沿水槽中心线 $y=0.6\text{m}$ 流速对比

图 3.45～图 3.47 表示三种工况下沿水槽中心线 $y=0.6\text{m}$ 流速的计算值与试验测量值对比结果,图中两条虚线代表植被边缘。可以看出,三种工况下计算的沿水槽中心线 $y=0.6\text{m}$ 流速的变化趋势和大小与实测数据基本一致。在植被右侧边缘与尾堰之间区域,数学模型与实测值差别较大,原因可能是此区域受植被和尾堰的双重影响,紊动剧烈,水流变量一直处在随时间的动态变化中,且变化幅度较大,测量值和计算值都存在一定的误差。植被在河道占有一定的过水面积,受到植被的排挤作用,非植被区的水流增加,同时会影响上游一定距离的无植被河道。植被分布区域上游约 1m 处开始受到植被的影响,沿水槽中心线水流开始增加,受两侧植被的挤压水流迅速流向河道中心;进入植被区,水流继续向河道中心"靠拢",河道中心的流速继续增加,至植被分布区末端流速达到最大值;水流经过两侧分布植被的河道区域之后,植被的"排挤效应"作用消失,没有植被的阻水作用水流迅速流向河道两侧,水槽中心位置的流速减小。受植被的影响,工况 C-1、工

况 C-2 和工况 C-3 下水槽中心线流速的峰值与无植被存在时相比分别增加了 51%、106% 和 196%。

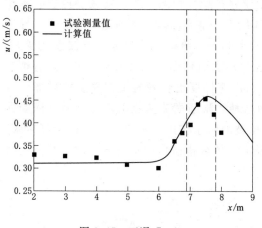

图 3.45 工况 C-1

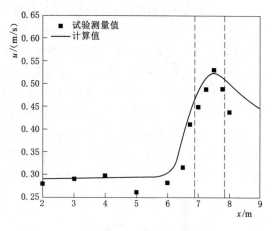

图 3.46 工况 C-2

图 3.48 对比了三种工况下沿水槽中心线 $y=0.6m$ 流速的计算值。工况 C-3 的植被密度最大,工况 C-1 的植被密度最小,工况 C-2 的植被密度居中。可以看出,三者的流速变化趋势相似,水流流速进入两侧分布植被河道之前开始逐渐增加,随后达到最大值后又逐渐减小;植被密度越大,植被的阻水和排水作用越强,河道中心线流速的峰值越大;另外,河道中心线流速峰值的位置与植被密度无关,三种工况下均位于植被分布区域下游末端处;河道中心线处流速梯度受植被密度的影响较大,流速梯度随植被密度增加而变大。

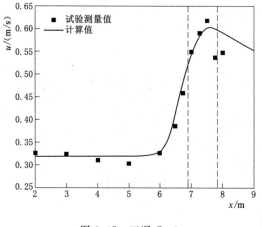

图 3.47 工况 C-3

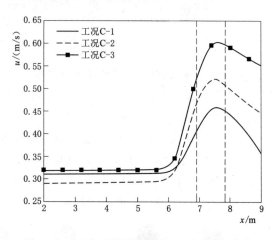

图 3.48 三种工况下中心线 $y=0.6m$ 上流速计算值对比

## 2. 河道横断面流速分布

为了更好地了解植被对河道横断面流速分布的影响,图 3.49 和图 3.50 分别给出了横断面 $x=7m$ 和横断面 $x=9m$ 的流速分布,其中,横断面 $x=7m$ 位于植被分布区域,横断面 $x=9m$ 位于植被分布下游区域。由于原试验植被末端与尾堰只有 1m 左右的距离,在这种情况下在出口处植被对水流的影响依旧存在，水流还处在调整过程中，所以在计算过程中将植被末端与尾堰的距离变为 3m。

由图 3.49 可以看出，三种工况下横断面流速分布趋势相同，在植被区受植被阻水作用的影响，流速较小；在河道两侧植被挤压的作用下，水流逐渐流向河道中心位置，导致河道自由水流区流速增加，在河道中心位置（$y=0.6$m）流速达到最大。植被密度越大，引起的挤压效应越明显：植被区流速随着植被密度增大而减小，自由水流区流速随着植被密度增大而变大；同时，植被区与自由水流区的流速梯度也会随着植被密度的增加而变大。由图 3.50 可以看出，在无植被分布的下游区域，横断面流速逐渐恢复到明渠横断面经典流速抛物线型分布，边壁两侧由于不存在植被的阻水作用，水流流向水槽两侧边壁，流速变大。同时，由于工况 C-1 植被区密度最大，植被排挤作用最明显，对下游流速影响程度最大；工况 C-3 中心河道的流速最大。

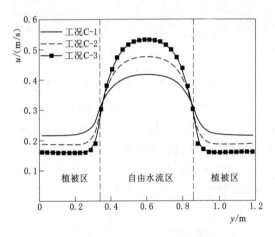

图 3.49　横断面 $x=7$m 流速计算值对比

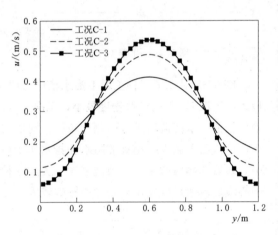

图 3.50　横断面 $x=9$m 流速计算值对比

### 3.10.3.4　孤波在植被覆盖河道中传播

本算例是 Huang et al.（2011）在室内水槽进行的孤波穿过有刚性植被覆盖的河道的试验，矩形断面水槽长 32m，宽 0.55m，水槽入流处布置造波仪器。植被模型采用有机玻璃棒进行模拟，直径为 0.01m，植被分布区域在水槽横断面全部覆盖植被模型。试验进行了两种工况，分别记为 D-1 和 D-2，在植被分布区域前后分别布置两个探针测量水位随时间的变化。工况 D-1 和工况 D-2 的静止水深 $h$ 均设置为 0.15m，波高 $H$ 分别为 0.0417m 和 0.03m。工况 D-1：植被区域长度为 0.545m，密度为 0.175，植被排列方式如图 3.51（a）所示，试验布置见图 3.52；探针 G1 位于植被区域上游，距植被 3.2m，探针 G2 位于植被区域下游，距植被 0.3m。工况 D-2：植被区域长度为 1.090m，密度为 0.087，植被排列方式如图 3.51（b）所示，试验布置见图 3.53；探针 G1 位于植被区域上游，距植被 3.2m，探针 G2 位于植被区域下游，距植被 0.3m。

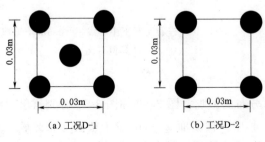

（a）工况 D-1　　　　（b）工况 D-2

图 3.51　植被排列方式（黑色实心圆表示植被）

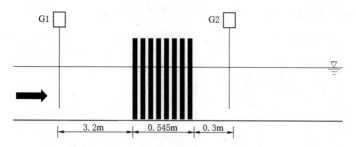

图 3.52 孤波在植被覆盖河道传播工况 D-1 试验布置示意图

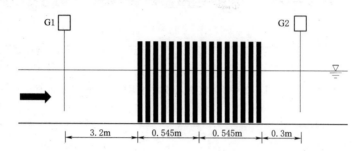

图 3.53 孤波在植被覆盖河道传播工况 D-2 试验布置示意图

计算区域长度为 18m，宽度为 0.55m，初始条件下波峰位于距离计算边界 5m 处。$\Delta x = \Delta y = 0.01\text{m}$，采用固定时间步长 0.005s，计算结束时间为 12s，水槽曼宁系数为 0.005。植被处理方式采用植被拖曳力法，拖曳力系数取常数 2.45。孤立波是椭圆余弦波的一种极限情况，波面方程 $z$（静水面至波面距离）如下：

$$z = H\,\text{sech}^2\sqrt{\frac{3H}{4h^3}(x - c_{\text{s}}t)} \tag{3.88}$$

式中：$H$ 为波高；$h$ 为静止水深；$t$ 为时间；$c_{\text{s}}$ 为波速。

波速计算公式如下：

$$c_{\text{s}} = \sqrt{gh}\left(1 + \frac{1}{2}\frac{H}{h}\right) \approx \sqrt{g(h + H)} \tag{3.89}$$

水体内任意一点处水质点运动的水平流速 $u$ 的计算公式如下：

$$u = \sqrt{gh}\,\frac{H}{h}\,\text{sech}^2\sqrt{\frac{3H}{4h^3}(x - c_{\text{s}}t)} \tag{3.90}$$

图 3.54 和图 3.55 对比了工况 D-1 下的 G1 和 G2 两个监测点的波面高程随时间变化的计算值和测量值，可以看出数学模型成功地模拟了植被对孤波的吸收和反弹作用。通过监测点 G1 的波面高程有两个峰值：入射波波峰和反射波波峰。孤波首次通过监测点 G1 时，孤波并未受到植被的影响，完整地通过监测点 G1。孤波通过监测点 G1 后继续向前运动到达植被区时，受到植被的挡水作用一部分孤波被反弹，向相反的方向运动，反弹的波再次经过监测点 G1。由于一部分的孤波会透过植被接着向下游运动，故再次通过监测点 G1 的反弹波波峰高程变小。监测点 G2 位于植被区域下游，记录了孤波穿过植被区后波面高程随时间的变化。G1 和 G2 两个监测点的波面高程随时间变化的对比结果见图 3.56，

G2 监测点透射波的波峰高程略大于 G1 的反射波波峰高程。

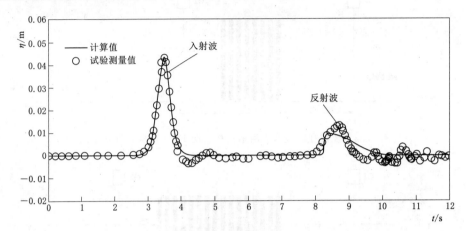

图 3.54　工况 D-1 中 G1 监测点波面计算值与试验测量值对比

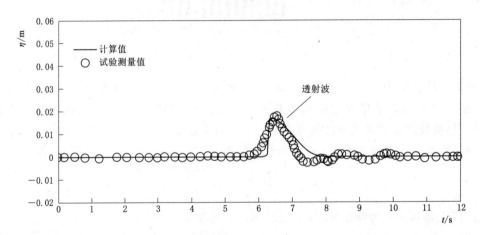

图 3.55　工况 D-1 中 G2 监测点波面计算值与试验测量值对比

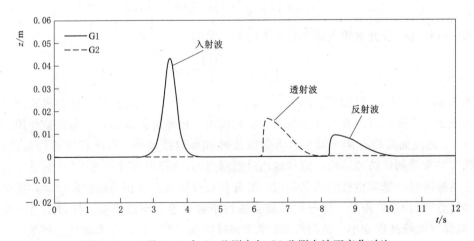

图 3.56　工况 D-1 中 G1 监测点与 G2 监测点波面变化对比

图 3.57 和图 3.58 对比了工况 D-2 下的 G1 和 G2 两个监测点的波面高程随时间变化的计算值和测量值，同工况 D-1 有类似的规律。由于工况 D-2 植被密度更小，植被的阻水作用较小，因此孤波更易穿过植被区。G1 和 G2 两个监测点的波面高程随时间变化的对比结果见图 3.59，反射波的波峰高程远小于透射波波峰高程。

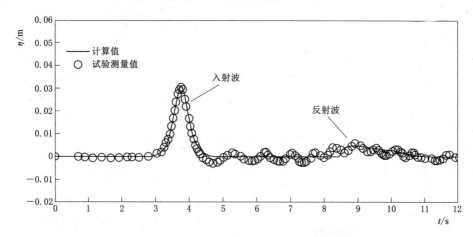

图 3.57　工况 D-2 中 G1 监测点波面计算值与试验测量值对比

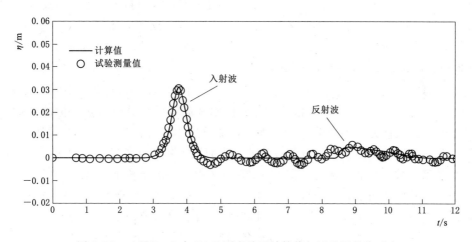

图 3.58　工况 D-2 中 G2 监测点波面计算值与试验测量值对比

### 3.10.3.5　孤波爬高植被覆盖的斜坡中传播

本算例是 Synolakis（1986）在玻璃水槽内进行的孤波在斜坡上的往返流动试验，试验是在不存在植被的情况下进行的，记为工况 E-1。为了研究植被对孤波在斜坡上流动的影响，本算例增加了斜坡部分覆盖植被的工况，记为工况 E-2。地形包括一段平底河床和一个与之相连的斜率为 1:19.18 的斜坡，工况 E-2 中在斜坡最低端水平距离为 2m（-4m < $x$ < -2m）的斜坡上覆盖有植被。初始静止水深 $h$ = 1m，孤波波高 $H$ 为 0.3m，孤波位于平底河床左边界，初始时刻波峰位置为 $x$ = -24.4m，见图 3.60。

采用二维数学模型计算，计算纵向长度为 50m，横向宽度为 0.16m，采用均匀网格，网格数分别为 2500 和 8。采用 CFL 稳定条件，克朗数取为 0.5。河床曼宁系数为 0.01。

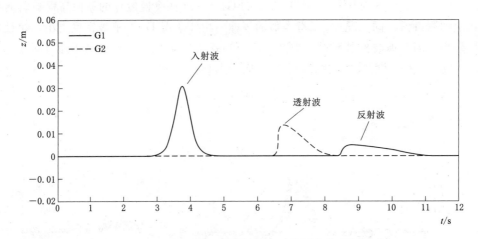

图 3.59　工况 D-2 中 G1 监测点与 G2 监测点波面变化对比

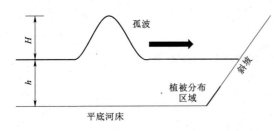

图 3.60　孤波爬高植被覆盖的斜坡试验示意图

工况 E-2 植被分布区域为 $-4\text{m}<x<-2\text{m}$，属于淹没情况，植被模型为圆柱形，直径为 0.01m，密度为 1000 株/$\text{m}^2$。植被处理方式采用拖曳力法，拖曳力系数取为 1.2。为了方便，定义 $t^*=t(g/h)^{1/2}$，$t^*$ 为无量纲量，$t$ 表示实际计算时间。

1. 工况 E-1：无植被

图 3.61～图 3.65 分别给出了在 $t^*$ 分别等于 15、25、35、45、55 时无植被情况下的水面高程的计算值与实测值的对比。随着时间的推移，孤波前锋水面变陡，然后垂直，最后发生破碎。$t^*=15$ 时，波浪水位达到最大值，相比于试验测量值，计算的波浪前锋水面更加陡并且传播速度稍快，可能是二维浅水数学模型中数值扩散引起的。在 $t^*=25$ 时，由于斜坡的影响，波浪已经在斜坡位置上发生破碎，并开始向沿着斜坡向上运动。$t^*=35$ 时，破碎的波浪继续爬高斜坡，更多的水量涌上斜坡。$t^*=45$ 时，位于斜坡上的水开始沿着斜坡向下运动，水量开始退回到平底水槽内，受到重力的影响斜坡上的水会加速退回到平底河床水体中。最后，$t^*=55$ 时开始退水过程，由于斜坡上的水迅速地退回到平底河床水体中，在斜坡下方形成了一个水跃。计算结果与实测结果吻合得较好，数学模型可以准确地模拟波浪的破碎和水流在斜坡上下流动的现象。

2. 工况 E-2：有植被

图 3.66～图 3.69 分别给出了在 $t^*$ 分别等于 15、25、35、45 时存在植被工况 E-2 下的水面高程的计算值与不存在植被工况 E-1 下计算值的对比。图中两条虚线之间为植被分布的区域。植被的存在引起孤立波爬坡的高度明显降低，爬坡时间明显滞后，退水过程提前。在 $t^*=15$ 时，孤立波的传播还没有到达植被分布区域，未受到植被作用的影响，有植被与无植被两种工况下水面几乎完全重合。在 $t^*=25$ 时，植被的存在造成河床粗糙度增加，对水流阻水作用增强，由于植被引起的额外的阻力，波浪在斜坡上破碎的同时引

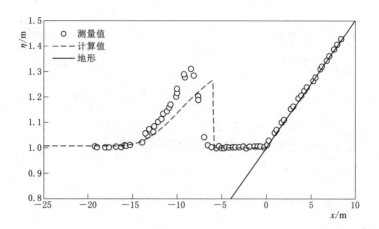

图 3.61　孤波爬高无植被覆盖的斜坡在 $t^* = 15$ 时计算值与测量值对比

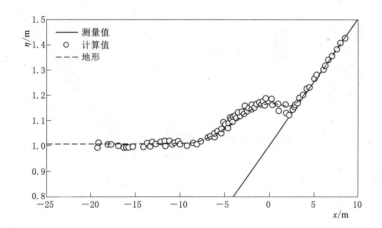

图 3.62　孤波爬高无植被覆盖的斜坡在 $t^* = 25$ 时计算值与测量值对比

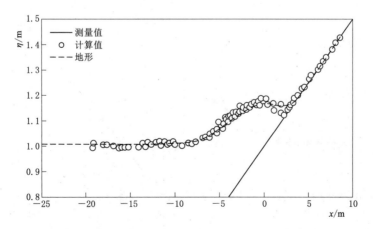

图 3.63　孤波爬高无植被覆盖的斜坡在 $t^* = 35$ 时计算值与测量值对比

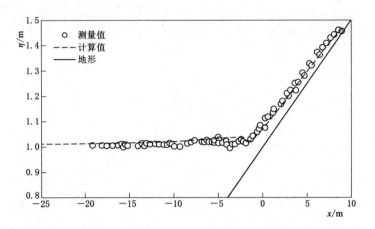

图 3.64　孤波爬高无植被覆盖的斜坡在 $t^* = 45$ 时计算值与测量值对比

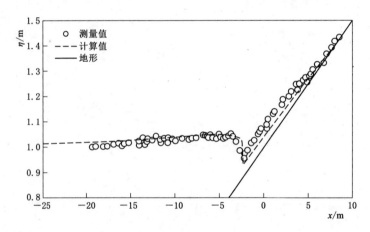

图 3.65　孤波爬高无植被覆盖的斜坡在 $t^* = 55$ 时计算值与测量值对比

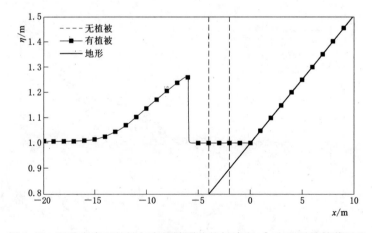

图 3.66　孤波爬高无植被与有植被覆盖的斜坡在 $t^* = 15$ 时计算值对比

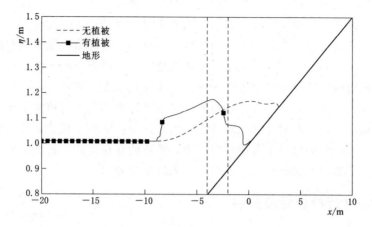

图 3.67　孤波爬高无植被与有植被覆盖的斜坡在 $t^*=25$ 时计算值对比

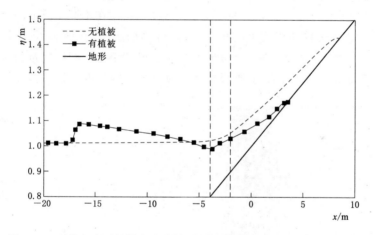

图 3.68　孤波爬高无植被与有植被覆盖的斜坡在 $t^*=35$ 时计算值对比

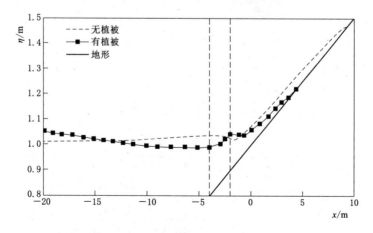

图 3.69　孤波爬高无植被与有植被覆盖的斜坡在 $t^*=45$ 时计算值对比

起水流回流到平底河床水体中，阻碍水流流向斜坡；波浪在斜坡上向上流动的高度明显降低，爬坡能力下降，同时向平底河床壅水的高度和水量大于无植被工况下的。在 $t^* = 35$ 时，无植被和有植被工况下波浪均继续沿斜坡向上流动，同时植被阻水引起的壅水现象继续向入口处发展；在斜坡上无植被工况下的水位要大于有植被工况下的水位，而在平底河床，受植被阻水影响的区域水位要大于无植被工况下的水位。在 $t^* = 45$ 时，受重力的影响，一部分水流继续爬坡，另一部分水流流向平底河床水体中；有植被工况下，水流在回流过程中遇到植被，由于此时流速相对较小，引起比较弱的壅水现象，此区域水位略高于无植被分布时的水位。通过以上分析可以看出，植被的存在使波浪斜坡上向上流动的高度明显降低，削弱了孤波的爬坡能力，同时会引起局部的壅水现象。

### 3.10.4　GPU 并行模型性能分析

为了验证 GPU 并行计算技术在二维浅水水动力模型并行计算中的加速性能，设计不同尺度网格数量的算例作为基准试验，分别使用 CPU 单线程和 Quadro M4000（1664 个流处理器，核心频率为 772.5MHz）进行计算，分析 GPU 在不同工况下的加速表现。

在长 25m、宽 10m 的矩形渠道内有一个 0.2m 高的凸起，初始水位为 1m，流速为 0，进口给定一个流量之后，模拟 300s 后渠道内的水位流速变化。网格数量为 1000 情况下的渠道内网格布置如图 3.70 所示，其他设计工况仅有网格数量变化，计算条件不发生改变。

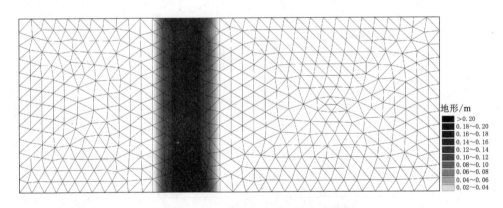

图 3.70　1000 网格数量下的网格布置图

整个并行模型的计算流程如图 3.71 所示。

#### 3.10.4.1　试验硬件条件

本次数值试验在对比计算性能时，采用的硬件条件见表 3.4。

表 3.4　　　　　　　　　　　　　试　验　硬　件　条　件

| 名　　称 | 参　　数 | 名　　称 | 参　　数 |
| --- | --- | --- | --- |
| CPU | E5 - 2630 V4 | 流处理器 | 1664 |
| CPU 核心数 | 40 | 主频/MHz | 772.5 |
| CPU 主频/GHz | 2.20 | 单精度浮点性能/(Tflops/s) | 2.6 |
| GPU | Quadro M4000 | 双精度浮点性能/(Gflop/s) | 78.56 |

| 名　　称 | 参　　数 | 名　　称 | 参　　数 |
|---|---|---|---|
| 显存/GB | 8 | 编译器 | Intel Complier |
| 显存带宽/bits | 256 | 开发平台 | Visual Studio 2010 |
| 操作系统 | Windows 10 | CUDA 版本 | CUDA 8.0 |

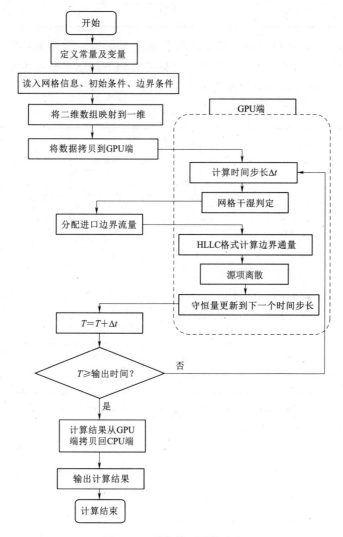

图 3.71　并行模型计算流程

GPU 关于 CUDA 计算性能的一些参数见表 3.5。

### 3.10.4.2　加速性能分析

由于 GPU 对单精度的数据和双精度的数据计算能力不同，单精度计算速度远远大于双精度，而原串行程序采用双精度数据进行计算，为分析单精度数据计算带来的高效率与高误差（与串行程序相比）、双精度数据计算带来的低效率和低误差，设计不同尺度网格的算例对程序性能进行探究。由于程序需要将大量数据复制到设备端全局内存，而 Quadro

**表 3.5　　　　　　　　　　　　CUDA 性能参数**

| 名　　称 | Quadro M4000 | 名　　称 | Quadro M4000 |
|---|---|---|---|
| 计算能力 | 5.2 | 线程块共享内存/KB | 48 |
| 流多处理器 | 13 | 常量内存/KB | 64 |
| 线程块寄存器 | 65536 | 线程束中线程数量 | 32 |
| 全局内存/GB | 4 | | |

M4000 全局内存仅 4G，故设置最大尺度网格数量仅 400000。为避免实验带来的误差，每次测试都取五次运行时间的平均值。不同尺度网格算例下，原串行程序单步计算时长与并行程度单精度双精度单步耗时和加速比见表 3.6。

**表 3.6　　　　　　　　不同网格数量下单步耗时与加速比**

| 网格数量 | 串行单步耗时/ms | 双精度并行 | | 单精度并行 | |
|---|---|---|---|---|---|
| | | 单步耗时/ms | 加速比 | 单步耗时/ms | 加速比 |
| 1000 | 2.57 | 1.60 | 1.60 | 1.32 | 1.95 |
| 5000 | 12.40 | 2.25 | 5.51 | 1.67 | 7.43 |
| 10000 | 24.43 | 3.71 | 6.58 | 2.81 | 8.70 |
| 20000 | 50.28 | 5.96 | 8.43 | 4.24 | 11.85 |
| 50000 | 138.12 | 12.93 | 10.69 | 8.73 | 15.82 |
| 100000 | 246.55 | 24.04 | 10.25 | 16.09 | 15.32 |
| 200000 | 568.09 | 47.37 | 11.99 | 31.91 | 17.80 |
| 300000 | 789.00 | 70.01 | 11.28 | 46.771 | 20.85 |
| 400000 | 1045.86 | 87.96 | 11.89 | 58.45 | 24.92 |

不同精度下，加速比随网格数量变化情况如图 3.72 所示。

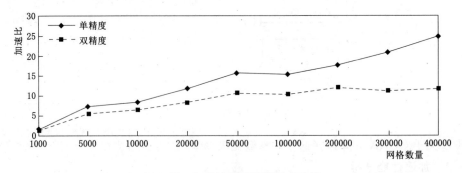

图 3.72　加速比随网格数量变化图

根据计算结果可见，随着网格数量的增加，无论是单精度还是双精度并行程序的加速比都随之增加。当网格数量较小的时候，单精度并行和双精度并行的加速比相差不大，原因是程序用于数据计算的时间很少，大部分时间都用于全局内存的访存上。随着网格数量的增加，单精度并行的优势逐渐体现出来，加速比远超过双精度并行程序的加速比，在 400000 网格数量的情况下，加速比可达 24.92 倍。而且通过分析算例的计算误差，单精度并行程序与双精度串行程序的水深、流速误差均不超过 $10^{-2}$ (m、m/s)，双精度并行程序与双精度串行程序的水深、流速误差均不超过 $10^{-3}$ (m、m/s)，均在可以接受的范围之内。

# 第4章 抚河故道植物群落对河道行洪能力和水质影响研究

## 4.1 抚河故道概况

抚河位于江西省北部，是鄱阳湖仅次于赣江的第二大入湖水系，发源于武夷山脉西部，经青岚湖汇入鄱阳湖。以主支盱江为上游，抚河下游平原逐步开展，两岸田畴广阔。流域面积为 1.58 万 km$^2$，干流总长 350km，主要支流包括盱江、临水、黎滩河等。抚河干流北流经焦石、李渡镇至王家洲，向北 2.5km 在箭江口西岸分出支汊。抚河故道为抚河西总干渠的部分河段，上游来水自焦石拦河大坝引入，沿途流经丰城袁渡镇、南昌县黄马乡、三江镇等村镇，止于岗前大坝。河道全长约 20km，平均底坡约为 0.0283%，断面宽度在 125～840m 之间。岗前大坝作为西总干渠二级渠首，坐落于南昌县吴石乡岗前街，设计用来抬高总干渠水位，兼宣泄箭江口分洪流量。岗前经向塘至棠墅港，长 25km，棠墅港以下为抚河故道主流，南昌、丰城平原由排渍道汇入，河道宽阔多支汊。抚河改道后支汊均被堵截围垦，地势较高的滩地占 13.4km$^2$。

抚河故道流域北部开口面向鄱阳湖，东、西、南三面被山脉环绕，流域中部地貌主要为低山丘陵与河谷盆地，海拔 50～300m，其次为山地和河谷平原，谷宽 400～500m。流域下游两岸多分布河谷冲积地貌及河湖冲积平原地貌，河漫滩、江心洲等地质特征较为发育，河床宽度为 400～300m。抚河故道东南部分流域与福建之间被武夷山脉阻隔，西南与赣江支流隔山相望。流域总体地势南高北低，地形向鄱阳湖平原缓慢倾斜。赣抚平原处于抚河流域下游的冲积平原上，区内地势平坦，地面海拔为 15～75m，南高北低。赣江抚河三角洲区域为抚西平原，东临抚河，西接赣江，南连丘陵，清丰山溪居中，与抚河支脉相通，形成湖汊水网。区内洼地、湖泊、港汊占全区的 11.9%，低山丘占 9.1%，平原占79%。抚东平原为抚河东岸军山湖以西区域，整体地势高于抚西平原。

作为平原地区的中小型河流，抚河故道是抚河防洪非工程措施的重要组成部分，当抚河干流箭江口以上河段出现较大洪水时，部分洪水由箭江分洪闸分泄进入故道。作为抚河总干渠二级渠首，岗前大坝在灌溉期间用作抬高总干渠水位以达到农田灌溉设计水位要求，在汛期宣泄箭江口分洪流量。根据李家渡水文站实测资料，抚河一次洪水过程历时一般为 7 天左右。箭江分洪闸于 1994 年按照百年一遇的洪水标准进行加固，现分洪闸有八个泄孔，每孔宽 12m，允许的最大泄洪量为 600m$^3$/s。在非汛期的通常情况下，抚河故道上游的来水完全由焦石拦河大坝引入，并经西总干渠流入抚河故道。抚河故道下游一级阶地平坦开阔，呈断续分布，两岸多不对称，河漫滩、江心洲分布较广，汛期大多被洪水淹没。

根据 2018 年汛期（7—9 月）河道的植被调研结果，绘制了抚河故道植被分布图，如图 4.1 所示，可以看出菰主要分布在两岸滩地和河心位置，河道两岸部分滩地为开垦的农田，主要种植水稻、甘蔗等经济作物，箭江分洪闸出口有大片未被开垦区域，生长有天然野草。

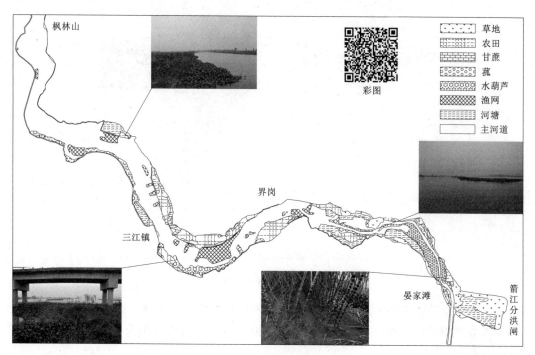

图 4.1 抚河故道植被分布

河道的断面宽度在空间上存在差异，上、下游的河道断面较窄，宽度在 150m 以内。河道中游断面较宽，并且两岸滩地上分布有大面积的植被，其中部分滩地被开垦为农田。河道内滩地和农垦区域的地势普遍较高，调研结果表明滩地在汛期来流量较大的条件下会被淹没，对河道的过水产生影响。

## 4.2 抚河故道水动力模型构建及验证

采用上游箭江口堵口至界岗的河段作为验证计算区域，相应的计算区域的范围及植被分布情况见图 4.2。

模型的临界干水深取 0.001m，采用结构化网格进行区域离散，对应的计算网格大小为 10m×10m，网格总数为 29205。基于实测的水文数据，给定引水渠入口的流量为 9 月实测的断面流量 65$m^3$/s，验证河段出口根据实测水位值设置固定水位为 26.74m。数值求解的源项考虑了地形源项、河床阻力和植被附加阻力的作用，忽略了紊流涡黏项、风应力和地转柯氏力对水流运动的影响。

在模型中采用在第 2 章提出的等效曼宁系数法来表征植被与河床对水流的综合阻力作

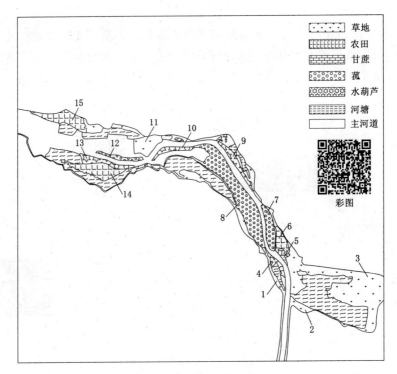

图 4.2  模型验证计算范围图

用。基于植被参数在空间上的差异以及当前的网格点的流速和水深，在每一时间步长对各个网格的综合阻力系数进行计算。河段的柔性植被与刚性植被的相关参数见表 4.1，河床的糙率值取 0.021。

表 4.1                                    植 被 相 关 参 数

| 植被区域编号 | 1、2、3、4 | 5 | 6 | 7 | 8 | 11 | 12 | 14、15 |
|---|---|---|---|---|---|---|---|---|
| 植被种类 | 野草 | 甘蔗 | 农作物 | 菰 | 菰 | 野草 | 菰 | 农作物 |
| 分布面积/m² | 432583 | 22075 | 2911 | 50092 | 280513 | 56609 | 23400 | 162070 |
| 平均高度/m | 0.12 | 2.2 | 0.21 | 1.7 | 1.74 | 0.14 | 2.2 | 1.75 |
| 平均直径/m | 0.0025 | 0.042 | 0.0024 | 0.0087 | 0.0085 | 0.0021 | 0.015 | 0.0085 |
| 植被占水体面积比 | 0.0108 | 0.013 | 0.01 | 0.0118 | 0.0121 | 0.0082 | 0.0176 | 0.012 |

图 4.3 给出了计算区域内的流场图，可以看出河道在正常过水条件下，农垦及大部分滩地区域由于地势较高未被水流淹没。汤家桥上游河段的过水断面较为狭窄，水流流速在 0.3m/s 以上，河道中心分布有菰的部分滩地承担河道过流，但流速普遍小于 0.1m/s。

通过上游河段的三个断面实测流速（DM1、DM2 和 DM3）以及沿程实测水位（P1～P10）对建立的河道植被水流模型进行了验证，在图 4.3 中标出了断面和水位监测点的位置。对应的断面流速实测值与模拟值对比见图 4.4，监测点水位的模拟值与实测值对比见图 4.5。根据流速、水位的拟合结果来看，模型能较好地反映出植被阻力作用下水流的运动特性。

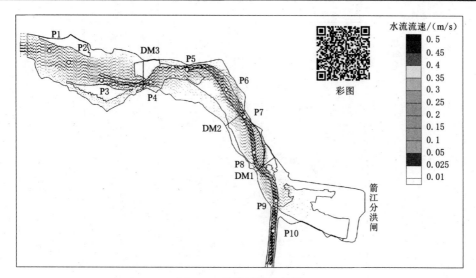

图 4.3 计算区域流场图

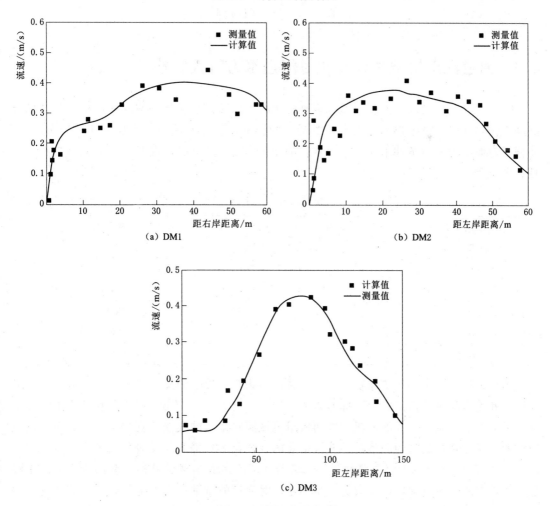

（a）DM1

（b）DM2

（c）DM3

图 4.4 断面流速验证

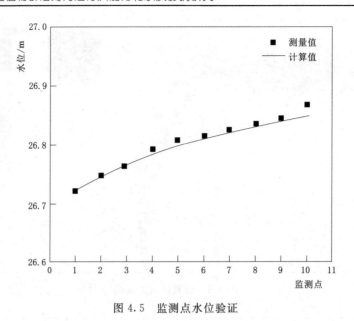

图4.5 监测点水位验证

## 4.3 河道洲滩植被条件变化对河道水力特性影响

研究河段的植被区域既包括菰等多种野生植被区域，也包括一些农垦庄稼区和甘蔗林等经济作物区。本节主要考虑未来人类活动的影响，设计不同的抚河故道植被分布特征，并分析对应植被分布条件下河道水力特性的变化。设计的计算工况及相应的植被分布情况见表4.2。

表4.2                                计 算 工 况 设 计

| 工况编号 | 分洪流量/(m³/s) | 植被情况 |
|---|---|---|
| E-1 |  | 耕地种植菰 |
| E-2 | 200 | 耕地种植甘蔗 |
| E-3 |  | 扩大农垦 |
| F-1 |  | 耕地种植菰 |
| F-2 | 400 | 耕地种植甘蔗 |
| F-3 |  | 扩大农垦 |

菰作为广泛种植的经济作物，对氮、磷污染物具有较强的降解能力，在河流生态环境的改善和生态景观的营造方面发挥着重要作用。工况E-1、工况F-1分别考虑了两种分洪流量下农田区域种植菰的情况。抚河故道流域温暖湿润的气候适宜甘蔗生长，随着区域经济的发展和农业结构的调整，甘蔗种植业的规模化逐年提升，发展前景较为广阔，工况E-2、工况F-2分别考虑了两种分洪流量条件下河道农垦区域种植甘蔗的情况。河岸湿地作为潜在的土地资源，可能被进一步围垦，对河道的行洪产生一定的影响，综合河道地形和水文条件，对河道农垦扩大范围进行了预测，工况E-3、工况F-3分别模拟了两种

分洪流量条件下河道植被预测分布情况的水流运动。

### 4.3.1 农田种植菰对河道水力特性影响

根据河道植被分布可以看出，河道中农垦的面积较大，并且农垦普遍地势较高，其在不同流量下淹没的面积及程度也不相同。研究农垦处植被类型的变化对河道水流特性的影响具有积极意义。工况 E-1 和工况 F-1 将河道中原有农作物换作菰，具体改动后的河道植被分布见图 4.6。图 4.7 和图 4.8 分别显示了分洪流量为 $200\text{m}^3/\text{s}$ 和 $400\text{m}^3/\text{s}$ 条件下河道农田种植菰后的糙率分布。图 4.9 和图 4.10 分别显示了分洪流量为 $200\text{m}^3/\text{s}$ 和 $400\text{m}^3/\text{s}$ 条件下农田改种菰后河道的水位差异。图 4.11 和图 4.12 分别显示了分洪流量为 $200\text{m}^3/\text{s}$ 和 $400\text{m}^3/\text{s}$ 条件下农田改种菰后河道的流速差异。

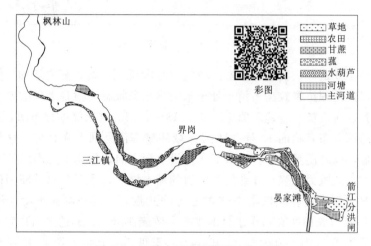

图 4.6 河道农田种植菰植被分布图

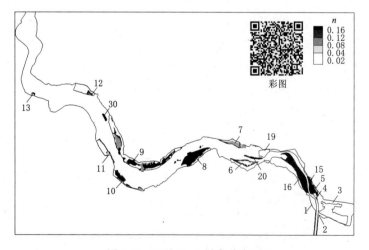

图 4.7 工况 E-1 糙率分布图

由糙率分布图 4.7 和图 4.8 可以看出，随着洪量的提升，种植有菰的农田区域的糙率普遍增大。在 $200\text{m}^3/\text{s}$ 分洪流量条件下，农田区域糙率普遍取值在 $0.1\sim0.13$ 之间。随着

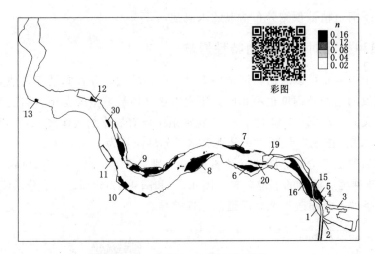

图 4.8　工况 F-1 糙率分布图

分洪流量增长到 $400\mathrm{m}^3/\mathrm{s}$，菰所在植被区域的相对水深（$h/h_v$）随之增加。但由于植物的株杆较长且农田的地理位置较高，植被处于未完全淹没状态，随着水深的增大植被区域的糙率有明显提升，对应糙率普遍取值范围为 $0.13\sim0.15$。对比糙率分布图，可以看出 8 号农田区域及河道原分布有菰的 15 号、16 号区域的糙率值呈现下降趋势，这是由于上述区域地势高程较低，随着洪量增加，植被对水流沿水深方向的平均阻力作用呈现下降趋势。

局部河床的水流阻力增强会导致局部河道的糙率增大，受下游出口断面的水位控制作用，水位的提升主要体现在农田集中分布的河道上游，水位增幅向下游逐渐减小，如图 4.9 和图 4.10 所示。农田所在河岸水位的提升导致流速降低，并造成对岸滩地的水位和流速均增大。在分洪流量为 $200\mathrm{m}^3/\mathrm{s}$ 和 $400\mathrm{m}^3/\mathrm{s}$ 条件下，上游河段的水位壅高分别达到 $0.02\mathrm{m}$ 和 $0.03\mathrm{m}$。

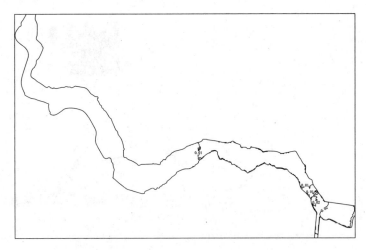

图 4.9　工况 E-1 相对 C-1 水位差异（单位：m）

由流速差异图 4.11 和图 4.12 可以看出，农垦区域种植菰后流速有降低，表明菰对水流的阻力大于农作物。原因是菰比农作物的分布更密，而且植株长度是农作物的 3 倍以

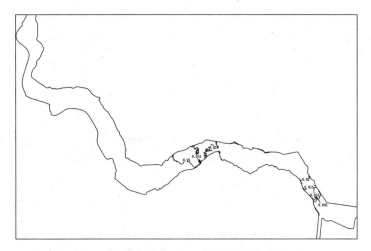

图 4.10  工况 F-1 相对 D-1 水位差异（单位：m）

上，在高分洪条件下会对水流有更大的阻碍作用。根据流速差异图，可以看到在分洪流量为 200m³/s 和 400m³/s 条件下农垦区域的流速的降低幅度分别在 0.10m/s 和 0.15m/s 左右。种植菰前后流速差异较小的原因主要是农田的地势普遍较高，淹没程度较低，菰对水流的阻力作用较难体现。

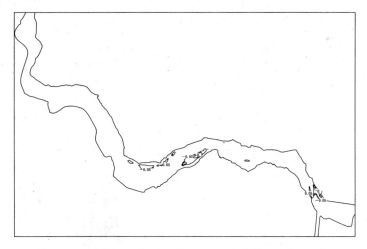

图 4.11  工况 E-2 相对工况 C-1 流速差异（单位：m/s）

## 4.3.2  农垦种植甘蔗对河道水力特性影响

工况 E-2 和工况 F-2 考虑河道中的农田区域种植甘蔗的情况，两种工况的河道植被分布情况见图 4.13。在植被糙率分布图 4.14 和图 4.15 中可以看出农田区域改种甘蔗后的整体植被糙率有所提升，但低于种植菰工况下的糙率值。在 200m³/s 分洪流量条件下，农田区域糙率取值在 0.05～0.08 之间。在 400m³/s 分洪流量条件下，农垦区域的糙率取值在 0.08～0.1 之间。

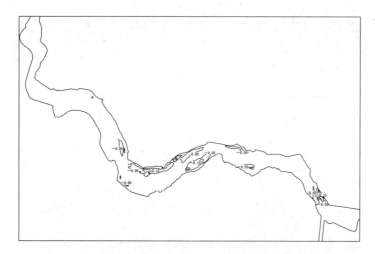

图 4.12　工况 E-2 相对工况 D-1 流速差异（单位：m/s）

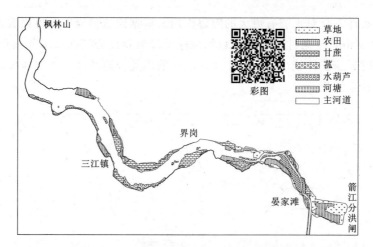

图 4.13　河道农田种植甘蔗植被分布图

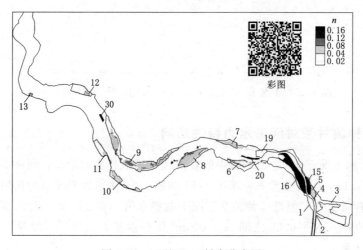

图 4.14　工况 E-2 糙率分布图

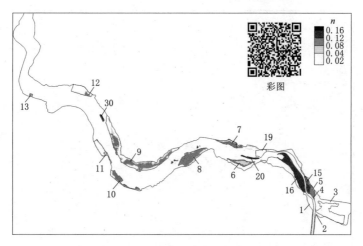

图 4.15 工况 F-2 糙率分布图

根据水位差异图 4.16 和图 4.17 可以看出,农垦区域种植甘蔗后,上游狭窄河道的水位有所壅高,在 $200 \mathrm{m}^3/\mathrm{s}$ 分洪流量条件下上游水位壅高 0.01m,$400 \mathrm{m}^3/\mathrm{s}$ 分洪流量条件下上游水位壅高 0.02m。水位提升的幅度和范围随着分洪量的提升而增大,水位增长幅度向下游逐渐降低,且变化幅度整体小于农垦种植菰的情况。

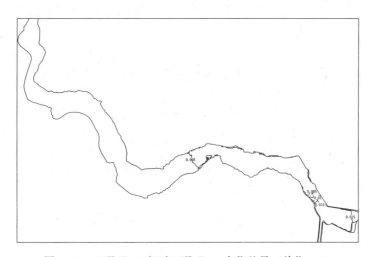

图 4.16 工况 E-2 相对工况 C-1 水位差异(单位:m)

由流速差异图 4.18 和图 4.19 可以看出,种植甘蔗后农田区域的流速有所下降,但降低的幅度小于种植菰的情况。在分洪流量为 $200 \mathrm{m}^3/\mathrm{s}$ 和 $400 \mathrm{m}^3/\mathrm{s}$ 条件下,农垦区域的流速的降低幅度分别在 0.05m/s 和 0.10m/s 左右。尽管甘蔗的植株高度和直径大于菰,但植被密度与其相比较小,故整体植被的阻水作用弱于菰。此外农田普遍地势较高,故植被的淹没水深不大,甘蔗的阻水作用无法充分体现。

### 4.3.3 扩大农垦对河道水力特性影响

随着人类活动的加剧,河道中地形较高的区域可能会被进一步围垦。扩大的农垦区域

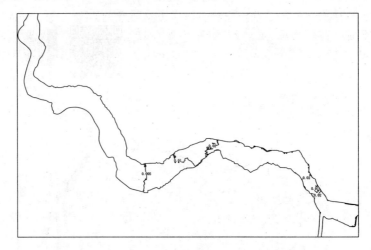

图 4.17　工况 F-2 相对 D-1 水位差异（单位：m）

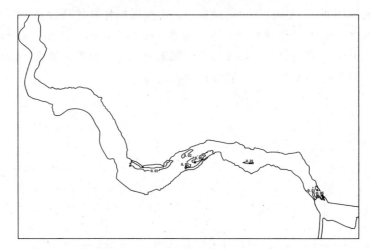

图 4.18　工况 E-2 相对 C-1 流速差异（单位：m/s）

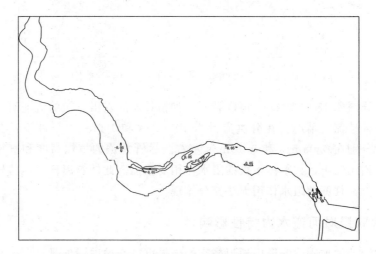

图 4.19　工况 F-2 相对 D-1 流速差异（单位：m/s）

占据了河道原本的过水通道,并且农作物会对水流有明显的阻碍作用,进而影响到河道的行洪安全。根据河道现有的地形高程,对于有可能被人类进一步围垦的农田范围进行预测,选取离河岸较近且河底高程接近正常水位条件下的区域作为新增的农垦范围,具体的河道植被分布如图4.20所示。在此背景下设置了E-3和F-3工况,研究人类进一步围垦河道对河道水力特性的影响。

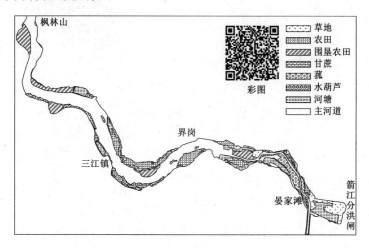

图4.20　扩大农垦河道植被分布

由糙率分布图4.21和图4.22可以看出,随着河道分洪流量的提升,河道中各类植被区域糙率普遍降低。在200m³/s分洪流量条件下,河道中农垦区域的糙率值变化范围为0.05~0.08,其中三江镇及下游河段的扩大的农垦区域由于地势相对较高,农作物处于部分淹没状态。在400m³/s分洪流量条件下,河道滩地植被完全被洪水淹没,植被沿水深方向对于水流的平均阻力减小,农垦区域的糙率值变化范围为0.04~0.06。晏家滩河段的洲滩地势相对于农垦较低,但滩地植被菰的阻力特征参数(植株高度、密度)大于农作物,呈现出较大的阻水作用,在两种分洪流量条件下区域糙率的变化范围为0.12~0.15。河道

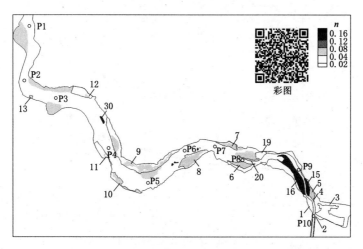

图4.21　扩大农垦在200m³/s分洪流量条件下河道糙率分布

上游箭江分洪闸附近的滩地及河道中分布有野草的陆地部分在两种分洪流量条件下均被水流淹没，但由于草的株杆高度较矮，对洪水的阻力作用较弱，区域的糙率趋近于河道的糙率。

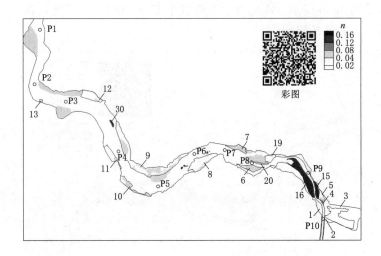

图 4.22　扩大农垦在 400m³/s 分洪流量条件下河道糙率分布

在糙率分布图中，沿主河道中心线标注了 10 个监测点的位置。各监测点距下游的里程及水位变化情况如图 4.23 所示。以河道现植被情况下的水位沿程分布作为参照，可以看出河道上游狭窄河段（P9）在滩地植被的阻水作用下水位有所提升，而河道中下游断面（P1～P5）比较宽广，受农作物植被的壅水作用较弱。在高分洪流量条件下，河道水位受农田范围扩大的影响程度变小。对比农田扩大前后的工况，在 200m³/s 分洪流量条件下上游河段的水位提升幅度最大值为 0.05m，在 400m³/s 分洪流量条件下上游河段的水位提升幅度最大值达 0.02m，水位影响最大的位置在晏家村河段。

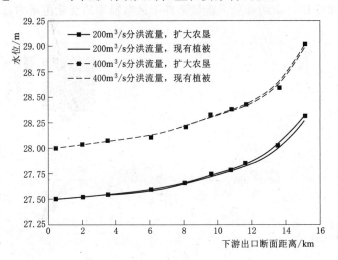

图 4.23　河道沿程水位变化

## 4.4 抚河故道植被对河道水质影响分析

### 4.4.1 抚河故道水质模型建立与验证

#### 4.4.1.1 模型构建

根据抚河故道近年来水质监测结果，河道水体主要污染物为总氮，河道水体整体为Ⅴ类水质，处于中度富营养化状态。本节以水质指标总氮（TN）、总磷（TP）为模拟对象，采用前面阐述的浅水植被水流水质控制方程以及数值计算方法建立了抚河水流水质的耦合数学模型，进行河道水质的模拟和预测，揭示河道植被对水质净化的效应以及河道水环境演变的规律，并对河道的水环境承载能力进行研究。

河道水流水质模型采用与河道二维水动力模型相同的计算区域，利用结构网格进行离散，共包含92943个网格节点和90660个网格单元，网格的大小为10m×10m。对于河道中的植被区域，采取等效曼宁系数来处理植被对水流的阻力作用。在水动力水质耦合方程中考虑与水质变量相关的源汇项，主要包括河道沿岸生活污水排放的污染源项及植被区域对污染物吸附、降解的汇项。在模拟过程中忽略了地转柯式力和风应力等源项，模型求解的时间步长按照自适应的步长进行设定，CFL取0.8，采取足够的计算时长以保证浓度场的计算达到稳定。模型的水动力边界条件按照实测的水位、流量数据进行相应的设置，水质边界根据河道入口断面总氮、总磷的实测值设置浓度边界。河道水质的初始浓度取河道实测断面浓度的平均值，采取冷启动的方式开始计算。

#### 4.4.1.2 模型参数率定

在水质模型的模拟过程中，扩散系数和污染物综合降解系数为重要的基础参数，准确的取值可以通过对研究河道开展示踪试验进行确定，在实际的工程应用中的取值可以参考相关文献及经验取值范围。从模拟结果可靠性的角度出发，本书参考类似河道水动力水质模型的参数取值（杨海涛，2014），将河道的扩散系数设定为 $D_x = D_y = 0.5 \text{m}^2/\text{s}$。污染物综合降解系数表示单位时间内污染物在物理沉降、生物化学等复杂因素影响下发生的衰减程度，对模拟结果有着直接影响，其取值大小与环境温度关系密切。水质模型的参数率定主要针对河道各时期（枯水期、丰水期、平水期）水体的 TN、TP 的综合降解系数进行。由于在率定工况中，河道的来水为箭江分洪闸非分洪条件下的正常来流，且河道下游控制水位较低，河道内滩地的淹没范围较小，综合降解系数可以看作是河道水体自身的自净作用，在不同时期（枯水期、丰水期、平水期）为常数值。

根据抚河故道对应不同时期的三个月份（3月、7月、12月）的总氮（TN）、总磷（TP）水质监测数据对水质模型进行了参数率定。根据3月20日、7月18日、12月15日河道水文自动监测数据，各工况对应河道的上游流量条件根据实测值分别设置为 $70\text{m}^3/\text{s}$、$110\text{m}^3/\text{s}$、$40\text{m}^3/\text{s}$，下游水位条件按照实测值分别设置为 $Z = 21.3\text{m}$、$Z = 21.8\text{m}$、$Z = 21\text{m}$。率定工况（3月、7月、12月）对应的河道监测点 TN、TP 的模拟值与实测值对比见图4.24～图4.26。

通过参数率定，确定了河道平水期 TN 的综合降解系数为 $0.053\text{d}^{-1}$，TP 的综合降解

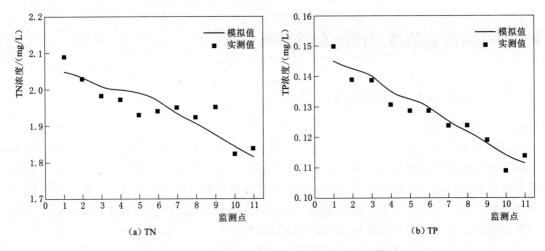

（a）TN　　　　　　　　　　（b）TP

图 4.24　3 月各监测点 TN、TP 模拟值与实测值对比

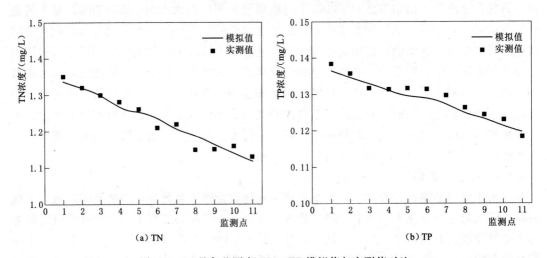

（a）TN　　　　　　　　　　（b）TP

图 4.25　7 月各监测点 TN、TP 模拟值与实测值对比

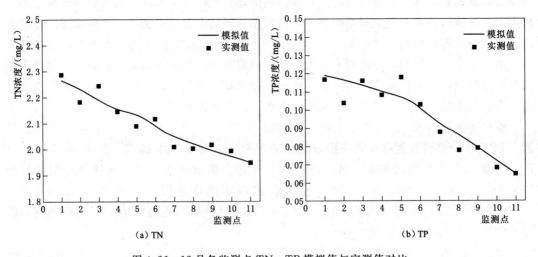

（a）TN　　　　　　　　　　（b）TP

图 4.26　12 月各监测点 TN、TP 模拟值与实测值对比

系数为 $0.112d^{-1}$，丰水期 TN 的综合降解系数为 $0.065d^{-1}$，TP 的综合降解系数为 $0.095d^{-1}$。枯水期 TN 的综合降解系数为 $0.043d^{-1}$，TP 综合降解系数为 $0.099d^{-1}$。根据国内外的相关研究，自然河流的总氮（TN）的降解系数为 $0.105\sim0.350d^{-1}$，总磷（TP）降解系数为 $0.056\sim0.573d^{-1}$。河道的总氮、总磷降解系数在合理取值范围之内，河道的水体自净能力偏弱。

在水动力水质模型的计算之中将不同季节河道优势植物对总氮的吸附和转换作用纳入源项考虑，取得了较好的拟合效果。利用平均相对误差、相关系数 $R^2$ 和 Nash-Stucliffe 系数来评估模型的模拟结果，对应率定工况的误差分析见表 4.3。较高的相关系数和 Nash-Stucliffe 系数表明，构建的水动力水质模型可以应用于抚河植被作用下 TN、TP 浓度数值模拟。

表 4.3　　　　　　　　　　　　　　模型率定误差分析表

| 月份 | 水质指标 | 实测平均浓度/(mg/L) | 模拟平均浓度/(mg/L) | 平均绝对误差/(mg/L) | 平均相对误差/% | 相关系数 | Nash-Stucliffe效率系数 |
|---|---|---|---|---|---|---|---|
| 3 | TN | 1.938 | 1.948 | 0.01 | 0.513 | 0.873 | 0.778 |
| | TP | 0.127 | 0.129 | 0.002 | 1.550 | 0.965 | 0.926 |
| 7 | TN | 1.234 | 1.222 | 0.012 | 0.982 | 0.952 | 0.843 |
| | TP | 0.129 | 0.128 | 0.001 | 0.781 | 0.975 | 0.915 |
| 12 | TN | 2.093 | 2.097 | 0.004 | 0.191 | 0.952 | 0.885 |
| | TP | 0.088 | 0.087 | 0.001 | 1.136 | 0.948 | 0.907 |

### 4.4.1.3 模型验证

将率定工况中确定扩散系数以及各时期（丰水期、平水期、枯水期）的 TN、TP 的综合降解系数应用到抚河 4 月、9 月和 1 月的水质模拟，对模型进行验证。各验证工况对应河道的上游流量条件根据实测值分别设置 $60m^3/s$、$80m^3/s$、$30m^3/s$，下游水位条件按照实测值分别设置为 $Z=21.8m$、$Z=21.7m$、$Z=21m$。验证工况对应的河道监测点 TN、TP 的模拟值与实测值对比如图 4.27～图 4.29 所示，采样点位置见图 4.30。

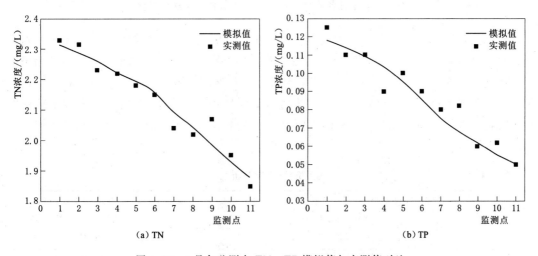

(a) TN　　　　　　　　　　　　　　　(b) TP

图 4.27　4 月各监测点 TN、TP 模拟值与实测值对比

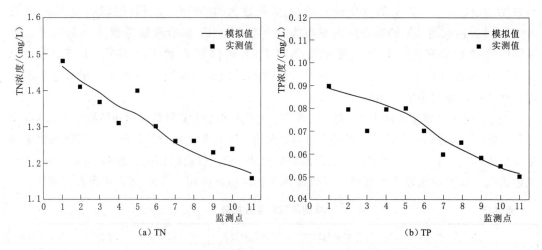

图 4.28　9 月各监测点 TN、TP 模拟值与实测值对比

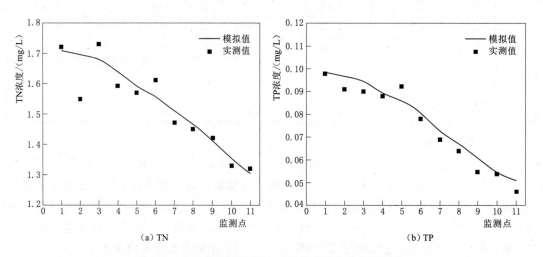

图 4.29　1 月各监测点 TN、TP 模拟值与实测值对比

　　表 4.4 是验证工况中 TN、TP 实测值与模拟值之间的误差分析数据，包括平均相对误差、相关系数和 Nash - Stucliffe 效率系数。误差产生的原因主要是模型中对植被的污染降解源项的取值在整体上具有平均代表性，然而各植被区域对总氮总磷浓度降解存在个体差异性。此外河道沿岸存在一些潜在的污染源（如河塘养殖等），这些可能是导致部分观测点污染物浓度与模拟结果存在差异的主要原因。整体上水质模型能较为准确地反映河道的水质情况。

表 4.4　　　　　　　　　　　　　　模型验证误差分析表

| 月份 | 水质指标 | 实测平均浓度/(mg/L) | 模拟平均浓度/(mg/L) | 平均绝对误差/(mg/L) | 平均相对误差/% | 相关系数 | Nash - Stucliffe 效率系数 |
|---|---|---|---|---|---|---|---|
| 4 | TN | 2.12 | 2.13 | 0.001 | 0.22 | 0.960 | 0.905 |
| | TP | 0.087 | 0.085 | 0.002 | 2.3 | 0.953 | 0.893 |

| 月份 | 水质指标 | 实测平均浓度/(mg/L) | 模拟平均浓度/(mg/L) | 平均绝对误差/(mg/L) | 平均相对误差/% | 相关系数 | Nash－Stucliffe效率系数 |
|---|---|---|---|---|---|---|---|
| 9 | TN | 1.3 | 1.31 | 0.01 | 0.769 | 0.926 | 0.873 |
|   | TP | 0.068 | 0.071 | 0.003 | 4.412 | 0.930 | 0.815 |
| 1 | TN | 1.523 | 1.538 | 0.015 | 0.974 | 0.928 | 0.857 |
|   | TP | 0.074 | 0078 | 0.003 | 4.02 | 0.962 | 0.925 |

## 4.4.2 植被对河道总氮净化效益

以 9 月典型流量和植被分布情况为代表，模拟河道的总氮浓度。为了分析河道植被对总氮的净化效果，设置了一个不考虑植被对污染物吸附和转化作用的背景工况。两个工况下总氮浓度的计算结果差异（有植被－无植被）如图 4.30 所示。

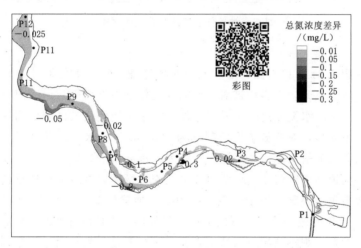

图 4.30 正常来流条件下植被对河道总氮浓度净化效应
·—采样点

由浓度差异分布图 4.30 可以看出，河道上游植被对水质净化作用效果不大明显，原因是上游的水流流速较快，并且主要集中于主河道中，植被涉水区域较为狭窄，对污染物的净化效果无法充分体现。观察下游总氮浓度差异，可以明显看到在靠近左岸水葫芦所在的缓流区形成了一个总氮浓度明显削减的带状区域，在该区域中水葫芦所处中心区域对浓度的削减作用最强，最高达到了 0.2mg/L，并向河道中心逐渐减弱。综合考量，河道植被对污染物的净化效果与河道的流场状态关系密切，对于流速较慢的缓流区如河道下游较宽断面以及两岸区域，流经这些地方的水体滞留时间更长，植被对污染物的净化历时随之增长，对水体的净化效果更好。反观河道上游的挺水植被菰所处区域，虽然处于河道中心，但在正常来水条件下涉水范围有限，并且所处狭窄河道断面的水流流速较快，植被的净化效益不明显。

为进一步探究在分洪条件下，植被区域普遍被淹没情况下的河道植被对总氮的净化效果，在河道汛期箭江分洪闸分洪 $200m^3/s$ 流量条件下对河道总氮浓度进行模拟，并设置了一个背景工况，在该工况中不考虑植被对污染物吸附和转化作用。以研究河道分洪条件下滩地植被的水质净化效益。两个浓度场的计算结果差异（有植被－无植被）如图 4.31 所示。

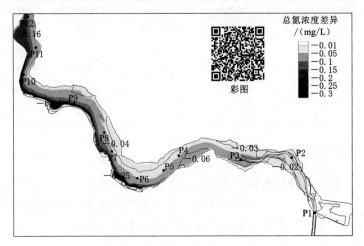

图 4.31　来洪条件下植被对总氮浓度净化效应
●—采样点

由浓度差异图 4.31 可以看出，随着来流量的增加，河道水位提升，河道中涉水植被的区域范围得到较大提升，河道植被对水质的净化作用显著增强。由于河道断面上游狭窄下游宽阔，河道上游的水流流速较下游更为湍急，水体流经植被区域的历时更短，植被的水质净化作用并不明显，对总氮浓度的削减为 0.02mg/L。水流运动到河道中段，在经过几个植被区域的吸附降解后总氮浓度进一步降低，削减幅度达到 0.06mg/L。

相比之下，河道两岸地势较高但流速较低的农垦区域以及水葫芦所处的缓流区域，植被的水体净化效果更为显著。处于河道中部的某一地势较低区域对总氮浓度有较大削减，达到 0.2mg/L，与主河道相比该区域的流速明显较低，水体的滞留时间较长，故呈现出对总氮更好的净化效益。观察下游总氮浓度差异，可以明显看到在两岸农垦以及水葫芦所在的缓流区形成了一个对于总氮浓度明显的带状削减区域，其中水葫芦所处中心区域对浓度的削减作用最强，TN 浓度差异最高达到了 0.25mg/L，并向河道中心逐渐递减。

## 4.4.3　河道总磷纳污能力计算

随着区域畜禽养殖以及化工业的发展，对河道引入了新的污染负荷。当河道中的污染负荷超过了水体自身自净能力的范围，会导致水质变差和富营养化等环境问题。为了实现河道水生态文明建设和区域的可持续发展，需要开展河道的水环境纳污能力研究。现以河道总磷浓度为水质保护目标，结合建立的河道二维水动力水质模型，研究河道在不同时期（枯水期、平水期、丰水期）对总磷污染负荷的纳污能力。

根据南昌市城市规划及南昌市地表水环境保护规划，抚河故道纳入抚河故道湿地公园建设范围，河道为景观娱乐用水区。结合水环境功能区划，河道下游出口断面总磷浓度按照《地表水环境质量标准》中Ⅲ类水质指标进行控制，对应的浓度为 0.2mg/L。河道入流断面的总磷浓度分别设置为 3 月、9 月、12 月的水质监测值。考虑到人类活动的影响，按照现有居民生活排污口分布对污染点源进行概化。以下游出口总磷浓度 0.2mg/L 为控制指标，模型对现状污水排放负荷进行适当放大，经过多组工况试算，确定河道在各时期（枯水期、平水期、丰水期）对总磷污染负荷的纳污能力分别为 66.8kg/d、70.6kg/d、167kg/d，对应各时期的河道沿程总磷浓度见图 4.32。

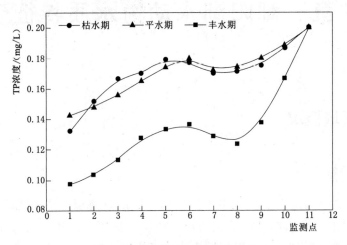

图 4.32 河道沿程总磷浓度变化

由图 4.32 可以看出，河道对总磷负荷的净化作用在空间上存在差异，并且受水力停留时间影响较大。在上、下游河段，由于河道断面较窄，水流流速较快，水体的滞留时间较短，对总磷的降解作用不明显，在沿岸的污染负荷下总磷浓度呈上升趋势。相比之下，中部河段的水流流速较缓，水体的总磷浓度在水体的稀释和自净下呈下降趋势，对总磷污染负荷有较强的纳污能力。根据河道在不同时期（枯水期、平水期、丰水期）对总磷的纳污能力，计算得到河道对总磷的年纳污能力为 36.5t。

# 第 5 章　鄱阳湖水动力水质特征研究

## 5.1　研究区域概况

### 5.1.1　水文特征

鄱阳湖位于江西省北部、长江中下游南岸、庐山东南麓，是江西的"母亲河"、中国最大的淡水湖泊。鄱阳湖湖区承纳修河、赣江、抚河、信江、饶河五大水系及博阳河、漳田河、潼津河、清丰山溪等区间来水，经主湖区的调蓄作用后通过北部狭长的入江水道由湖口注入长江，是一个典型的吞吐型、过水型、季节性湖泊。表 5.1 为鄱阳湖水系概况。

表 5.1　　　　　　　　　　　　　鄱 阳 湖 水 系 概 况

| 河流、站点 | 流域面积 /km² | 河道长度 /km | 年平均径流量 /亿 m³ | 年平均降雨量 /mm |
|---|---|---|---|---|
| 赣江 | 80948 | 766 | 671.2 | 1577.3 |
| 抚河 | 15811 | 278 | 122.3 | 1735.5 |
| 信江 | 15535 | 328 | 175.5 | 1827.5 |
| 饶河 | 11387 | 240 | 114.6 | 1776.9 |
| 修河 | 13462 | 386 | 125.2 | 1617.7 |
| 湖区区间 | 25082 | | 243.2 | 1462 |
| 湖口站 | 162225 | | 1452.0 | 1624.2 |

**注**　五河的流域面积分别为赣江至外州、抚河至李家渡、信江至梅港、饶河分别至虎山和渡峰坑、修河分别至柘林和万家埠。

鄱阳湖与长江的江湖关系主要表现在以下三个方面：

（1）江湖洪水相互顶托。鄱阳湖湖区来水具有明显的江、河、湖关系特征，长江干流主汛期为 7—9 月，五河主汛期为 4—6 月，长江干流来水对鄱阳湖出流有很大的顶托作用。

（2）长江洪水倒灌入湖。鄱阳湖湖口水位平时高于长江干流水位，江水不发生倒灌，当长江中上游来水增加到一定程度时，则发生江水倒灌入湖。鄱阳湖对五河和长江洪水具有很好的调蓄作用，据湖口站 1950—2012 年共 63 年资料统计，共有 50 年发生倒灌，平均每年倒灌水量 28.43 亿 $m^3$。最大倒灌发生在 1991 年 7 月 12 日，流量为 13600 $m^3/s$，水量为 113.9 亿 $m^3$。

（3）江湖洪水遭遇。湖区洪水和长江洪水在时间及强度上的差异形成了两种洪水遭遇类型：单峰型和双峰型。当五河洪水很大而长江洪水很小时，形成单峰型洪水；当五河洪水较早而长江洪水较迟时，两者虽互有影响，但不遭遇，形成双峰型洪水。

## 5.1.2 植被分布特征

鄱阳湖独特的地理、水文特征决定了其独特的生态环境，丰水期入湖水量多，主湖区多数区域处于被淹没状态；枯水期入湖水量骤减，水流归槽，滩地出露，形成大面积的草洲、滩地区域。根据近年来鄱阳湖卫星遥感影像解译结果，鄱阳湖的湿地总面积约为 3117km$^2$，且随着湖水位的升高，水域面积迅速扩大，滩地和草洲因被淹没面积相应减少。图 5.1 为基于 1998 年与 2010 年地形的鄱阳湖水位与面积相关关系，鄱阳湖水位为 10～15m（85 高程基准，下同）时，湖区水面面积随水位的升高而直线递增，其增长速率高于水位小于 10m 和水位大于 15m 时，说明湖区主要滩地分布也在 10～15m 区间内。可以看出在各湖区统一水位下，2010 年水面面积均高于 1998 年，说明湖区地形整体呈下降趋势，最大面积变化发生在 12m 水位时，为 115.8km$^2$，最小变化发生在 21m 水位时，为 39.5km$^2$。

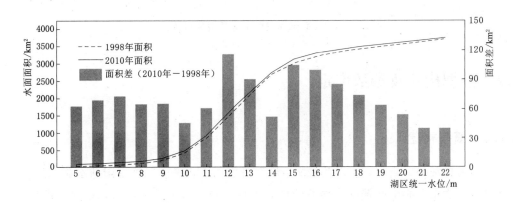

图 5.1 基于 1998 年和 2010 年地形的鄱阳湖水位-面积关系

已有研究表明，当星子站水位为 8m 时，水域、水陆过渡带和草洲面积比约为 52：20：28；当星子站水位为 14m 时，鄱阳湖湿地以水域为主，约占湿地总面积的 90%。可见在丰水条件下，大量植被将被淹没。由于植被的存在将会增加河床的阻力，抬高区域水位，减小河流流速，从而对区域行洪安全具有一定影响。因此在对鄱阳湖水文水动力进行研究时，需要考虑河床阻力条件的空间差异性，对植被区域糙率进行修正以实现湖区水动力条件的精确模拟。图 5.2 为基于遥感解译的典型湖区土地覆盖类型。

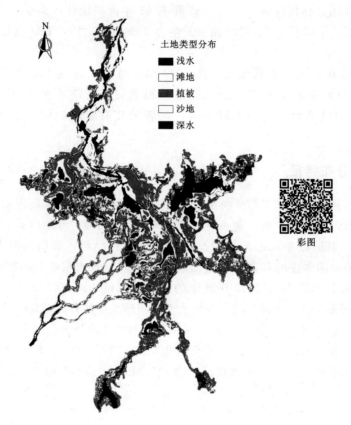

土地类型分布
■ 浅水
□ 滩地
■ 植被
□ 沙地
■ 深水

彩图

图 5.2　鄱阳湖湖区土地类型分布情况

## 5.2　模型构建及参数率定

### 5.2.1　模型构建

综合考虑河势、研究内容以及水文资料等方面因素，平面二维鄱阳湖水流水质耦合模型计算范围为整个鄱阳湖湖区，模型进口边界是上游五河来流量，出口边界是湖口水位。模型共采用了 10 个进口边界，分别是修河，对应水文站为虬津站和万家埠站；赣江（赣江主支、赣江北支、赣江中支、赣江南支），对应水文站为外洲站；抚河，对应水文站为李家渡站；信江（信江西支、信江东支），对应水文站为梅港站；饶河（乐安河、昌江），对应水文站为虎山站和渡峰坑站。

本次计算采用非结构网格剖分计算区域，其主要优点在于能够很好地模拟自然边界和水下地形，同时便于控制网格密度，易做修改和适应性调整。鄱阳湖湖区采用 2010 年实测地形资料。湖区非结构单元总数为 74432，单元边长从 30m 到 500m 不等，研究区域对应湖口水文站防洪控制水位 22.50m（冻结吴淞基面）的洪水影响范围，研究区域网格布置见图 5.3。

### 5.2.2 模型参数率定

采用 2010 年全年实测水流过程资料对模型进行验证,模型进口边界主要根据"五河"来流量的时间序列给出,模型出口边界根据湖口水位时间序列给出。2010 年五河来流平均流量为 5651.8m³/s,最大流量为 45820.0m³/s(6 月 21 日),最小流量为 736.1m³/s(12 月 10 日);2010 年湖口平均水位为 13.47m,最高水位为 20.19m(7 月 18 日),最低水位为 7.54m(1 月 2 日)。因此验证水文条件能够完整模拟鄱阳湖在高、低水位下的水流特征。2010 年五河实测逐日流量过程与湖口实测逐日水位过程见图 5.4。

图 5.5 是星子站、都昌站、棠荫站、康山站 4 个湖区水文站的年水位过程验证图以及湖口站年流量过程验证图,模型的计算时期为 2010 年 1 月 1 日—12 月 31 日。为避免初始水位对模型计算产生的影响,模型进行了 15d 的预热过程,因此模型实际参数率定时期为 2010 年 1 月 16 日—12 月

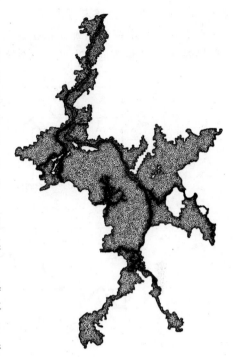

图 5.3 鄱阳湖湖区网格布置

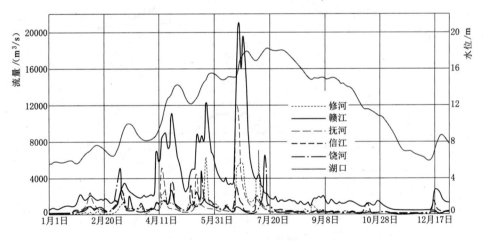

图 5.4 2010 年五河来流过程与湖口水位过程

31 日。该时段完整地包括了鄱阳湖湖区的丰、枯水期,有利于同时反映建立的模型在丰、枯水期间的模拟效果,使得率定所得参数更加可靠。根据 2010 年土地覆盖类型遥感解译成果(图 5.2),将植被区糙率设为 0.022,其余区域糙率设为 0.016。经统计,星子站、都昌站、棠荫站、康山站四站的水位相对误差分别为 2.2%、-0.9%、0.8%、1.3%,四站的 Nash - Stucliffe 效率系数分别为 0.99、0.99、0.95、0.97,除棠荫站冬季水位偏差较多外,其余时期均拟合良好;湖口站的 Nash - Stucliffe 效率系数

为 0.85，原因在于模型未考虑湖区汇流，因此湖口流量计算值略低于实测值，但从计算结果来看，基本能够正确模拟出湖流量的峰谷时期。综合而言，本次水动力模型的率定结果较优，能够满足本次江湖水资源关系研究的各项要求。

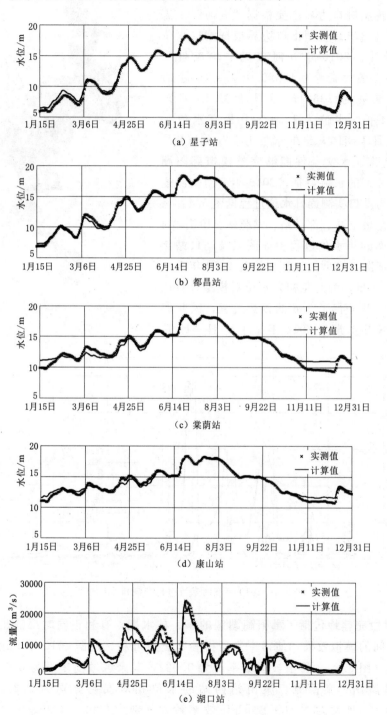

图 5.5　2010 年模型水位流量验证图

选取 2010 年星子站全年作为模型的水质参数率定期。采用人工调试及最优化估计值的方法率定参数，首先根据相关文献给定的取值范围结合其他已有研究成果，选择一个水质参数初值代入模型，并进行反复的调整试算，如果参数比较稳定，对计算结果影响不大，则采用该计算值；如果参数比较敏感，则分析原因并根据模拟结果和实测数据的比较来逐步调整参数，使得模型的结果趋于实测数据，确定参数的最优化取值。

经过上述方法试算，本次模拟的主要水质参数最终确定为 TP 的综合降解系数 $k_{tp}=0.02d^{-1}$；$x$ 和 $y$ 方向的扩散系数分别为 $D_x=6.0m^2/s$、$D_y=6.0m^2/s$。图 5.6 为最终确定的水质率定期星子站总磷浓度模拟值与实测值的对比，两者走向趋势相同且吻合度较好，平均相对误差为 18.1%。

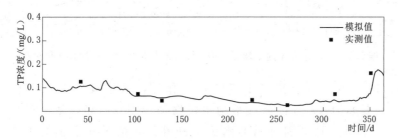

图 5.6　2010 年水质率定期星子站总磷浓度的模拟值与实测值对比

## 5.3　三峡水库建成后鄱阳湖湖区水文水动力变化

### 5.3.1　代表水文序列湖区水文水动力变化

#### 5.3.1.1　计算条件

为对三峡水库建成前后湖区总体水文情势变化趋势进行分析，选取 1956—2002 年（三峡水库建成前）以及 2003—2012 年（三峡水库建成后）作为两个代表水文序列，采用两个水文序列多年平均的水文日过程作为水动力模型的进、出口边界条件（未考虑湖底地形变化，均选用 2010 年实测资料），不同水文序列下赣江、信江逐日流量过程与湖口逐日水位过程见图 5.7。

#### 5.3.1.2　水文站点水位变化

鄱阳湖星子站、都昌站、棠荫站、康山站四站在 1956—2002 年（三峡水库建成前）和 2003—2012（三峡水库建成后）年的逐日水位过程线对比见图 5.8。

从图 5.8 可知，相比 1956—2002 年多年平均逐日水位，各个控制站点在 2003—2012 年的水位均发生了明显下降。水位下降幅度从湖区南部到北部逐渐加大，对于各站点中最北侧的星子站，4—12 月星子站水位均较 1956—2002 年水位有明显的下降，下降值最大为 2.73m（11 月 3 日），4—12 月星子站水位平均降低 0.90m；1—3 月，由于长江干流的补水作用，水位有所上涨，增加最大值为 1.27m（3 月 10 日），1—3 月星子站平均水位增加 0.25m；星子站全年平均水位下降 0.61m。对于都昌站，4—12 月都昌站水位均较 1956—2002 年水位有明显的下降，下降值最大为 2.69m（11 月 3 日），4—12 月都昌站水位平均

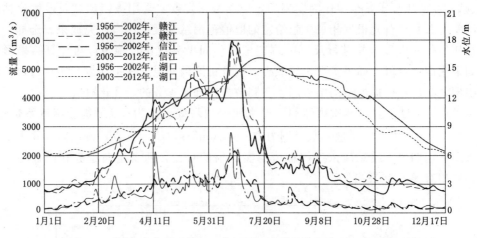

图 5.7　不同水文序列下赣江、信江逐日流量过程与湖口逐日水位过程

降低 0.86m；1—3 月，由于长江干流的补水作用，水位有所上涨，增加最大值为 1.21m（3 月 9 日），1—3 月都昌站平均水位增加 0.16m；都昌站全年平均水位下降 0.60m。对于棠荫站，除个别时间的水位上涨外，其余时间水位均下降，最大下降 1.51m（7 月 11 日），全年平均下降 0.50m。对于康山站，除个别时间的水位上涨外，其余时间水位也均下降，最大下降 1.50m（7 月 11 日），全年平均下降 0.36m。

### 5.3.1.3　湖区水位变化

为研究不同时期鄱阳湖湖区整体水位变化，除了研究 1956—2002 年和 2003—2012 年湖区多年平均水位分布外，还对枯水期（11 月至次年 3 月）平均水位进行了研究。

1956—2002 年和 2003—2012 年湖区多年平均水位变化差值见图 5.9（a）。与 1956—2002 年多年平均水位相比，2003—2012 年多年平均水位在全湖区均呈现下降趋势，湖区水位平均降低 0.23m。其中松门山以北的入江水道水位降低 0.5～0.7m，该区域也是整个湖区水位降低最大的区域；鄱阳湖主湖区水位和东北湖区水位降低 0.2～0.4m；东部湖区的南边部分区域、西部湖区和南部湖区的滩地区域水位变化相对较小，降低值一般为 0.1～0.2m；抚河、信江入主湖区的河道区域水位降低值为 0～0.2m。

1956—2002 年和 2003—2012 年湖区枯水期多年平均水位变化差值见图 5.9（b）。由图可知，与 1956—2002 年枯水期多年平均水位相比，2003—2012 年枯水期多年平均水位在全湖区有增有减，湖区水位平均降低 0.03m，总体变化较小。其中松门山以北的入江水道区域是全湖区水位变化最大的区域，该区域主槽水位降低 0.1～0.3m；湖区其他区域变化较小，主湖区的东边区域和东北湖区的部分区域水位增加 0～0.1m，主湖区其余区域水位基本上以降低 0～0.1m 为主；抚河、信江入主湖区的河道区域水位变化值为 ±0.1m。

### 5.3.1.4　湖区流速变化

为研究不同时期湖区总体流速分布情况，除了研究 1956—2002 年和 2003—2012 年湖区多年平均流速分布外，还对枯水期（11 月至次年 3 月）平均流速进行了计算。

1956—2002 年和 2003—2012 年湖区多年平均流速变化差值见图 5.10（a）。与 1956—2002 年多年平均流速相比，2003—2012 年多年平均流速的变化规律较为明显，其中河道

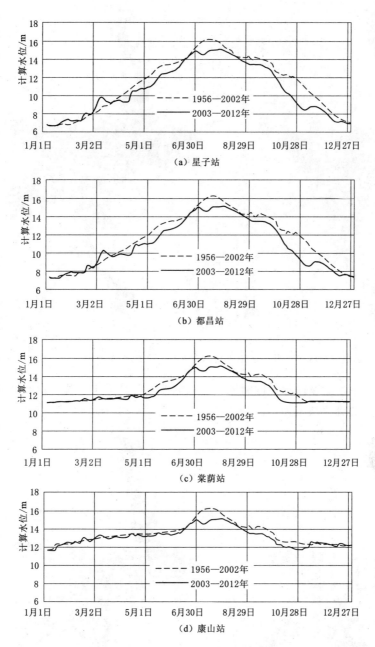

图 5.8 星子站、都昌站、棠荫站、康山站四站日均水位比较

主槽流速明显增加，而多数滩地区域则呈现明显减小的规律。其中主湖区及北部入江水道的流速增幅基本均在 0.015m/s 以上；主湖区东北部和东部湖区的南边部分区域的滩地流速增加 0~0.005m/s；北部入江水道的滩地区域及抚河入主湖区段河道区域流速降低明显，基本均在 0.01m/s 以上，局部降幅超过了 0.025m/s；除此以外的主湖区大部分区域流速均以降低为主，但降幅基本都在 0.01m/s 以内。结合水位变化差值的相关计算结果，初步推测流速变化的原因在于相较于 1956—2002 年，2003—2012 年多年平均水位降低，

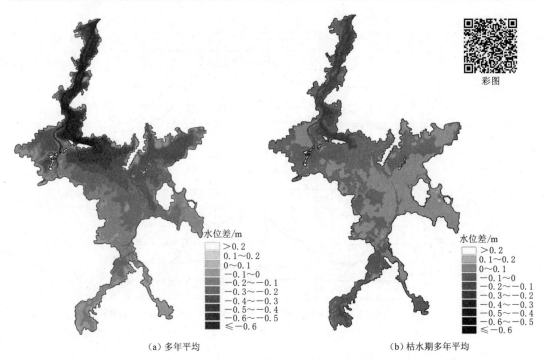

图 5.9　鄱阳湖湖区多年及枯水期平均水位变化（三峡水库建成后－三峡水库建成前）

主流归槽，导致主槽流速增加；同时原本过水的滩地区域由于水位降低可能不再过水，直接使得滩地区域的流速减小为零。

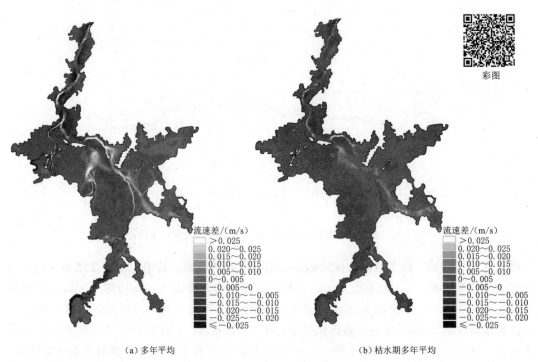

图 5.10　鄱阳湖湖区多年及枯水期平均流速变化（三峡水库建成后－三峡水库建成前）

1956—2002 年和 2003—2012 年湖区枯水期多年平均流速变化差值见图 5.10（b）。由图可知，湖区流速变化差值同样呈现较强的规律性。主湖区北部主槽、北部入江水道主槽流速增加相对明显，增幅基本均在 0.005m/s 以上，局部区域增幅超过了 0.025m/s；北部入江水道和抚河入主湖区段河道区域降幅相对明显，流速平均降低值超过 0.01m/s；主湖区流速变化基本上以湖区主槽为界，主湖区东部大部分区域流速增加 0~0.005m/s，东部湖区的南边部分区域流速增加较为明显，在 0.005m/s 以上，这与水位差值计算结果相匹配（该区域水位增加）；主湖区西部区域大部分区域流速降低值在 0~0.005m/s，少数区域流速略有增加，但增幅基本均在 0.005m/s 以内。

#### 5.3.1.5　湖区水资源量变化

为研究不同时期鄱阳湖湖区水动力条件变化，对 1956—2002 年和 2003—2012 年湖区多年平均水位分布和流速分布进行了计算。

图 5.11 是鄱阳湖多年平均水文条件下水面面积和水体容积在三峡工程建设前后的逐月变化图。总体来看，水面面积年内变化规律和湖区控制站点水位的变化规律类似，在高水时期鄱阳湖呈现湖相，水面面积较大，达到 3000km$^2$；在退水期鄱阳湖由湖相向河相转变，水面面积迅速降低；在低水期鄱阳湖呈现河相，河水归槽，水面面积维持在一个较低的水平，低至约 1500km$^2$。与水面面积相比，水体容积更能体现鄱阳湖从湖相到河相的转变，鄱阳湖水体容积年内最大值高于 100 亿 m$^3$，最小值低于 20 亿 m$^3$，体积最大值/体积最小值不小于 5，高于面积比值（≈2），更能体现鄱阳湖"洪水一片，枯水一线"的自然地理特征。

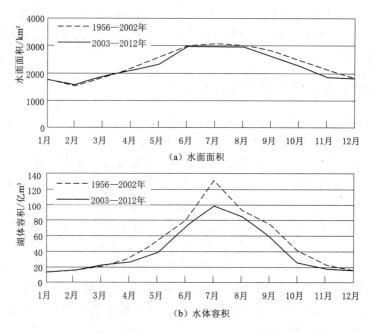

图 5.11　鄱阳湖湖区在三峡水库建成前后水资源量变化

经计算，1956—2002 年（三峡水库建成前）全年水面面积均值为 2350km$^2$，2003—2012 年（三峡水库建成后）全年水面面积均值为 2258km$^2$，较三峡水库建成前减少约

3.9%。在各月份中，1—3 月由于三峡对长江干流的补水作用，2003—2012 年湖区水面面积有所增加，增幅在 12～47km$^2$，各月份水面面积平均增加约 34km$^2$；其余月份湖区水面面积在三峡建设后均减少，降幅在 28～270km$^2$，最小值发生在 12 月，最大值发生在 11 月，各月份水面面积平均减少约 133km$^2$。

1956—2002 年（三峡水库建成前）全年水体容积均值为 49.8 亿 m$^3$，2003—2012 年（三峡水库建成后）全年水体容积均值为 41.0 亿 m$^3$，较三峡建设前减少约 17.7%。在各月份中，仅 2 月、3 月水体容积分别增加 0.5 亿 m$^3$ 和 1.3 亿 m$^3$，增幅为 3.2% 和 6.1%；其余月份水体容积在三峡建设后均有所减小，降幅在 0.2～32.1 亿 m$^3$，最小值发生在 1 月，最大值发生在 7 月，各月份水体容积平均减少约 10.7 亿 m$^3$。

### 5.3.1.6　湖区淹水时长变化

鄱阳湖水位演变会引起湖区空间各点的淹水变化，而淹水时长对湖泊尤其是滩地的植被萌芽等生长过程有影响，三峡水库建成前后湖区淹水天数变化见图 5.12。1956—2002 年鄱阳湖整个湖区的平均淹水天数为 241d，2003—2012 年为 231d。相比于 1956—2002 年，2003—2012 年鄱阳湖空间各点的淹水天数明显地减少，滩地区域的变化明显大于主河道。入江主河道和东北湖区的主河道区域淹水天数变化不明显，减少天数一般在 5d 以内，但洲滩区域淹水天数减少明显，减少天数一般在 20d 以上。西部湖区的碟形湖因为在枯水期会与主河道脱离，脱离之后形成独立水体，与主河道的水力联系微弱，因此当2003—2012 年主河道水位发生明显下降时，碟形湖与主河道的脱离时间会有所提前，但对碟形湖区域淹水天数影响不大，该区域减少天数一般在 5d 以内。东部湖区的南边区域淹水天数有所减小，但由于该区域在 1956—2002 年和 2003—2012 年均常年有水，因此淹水天数变化不大。南部湖区的滩地区域淹水天数有明显减少，其余区域总体变化不大，淹水天数变化基本均在 ±5d 以内。

## 5.3.2　典型丰水年湖区水文水动力变化

### 5.3.2.1　边界条件概化

选取 2010 年作为典型丰水年进行研究，由于 2010 年在三峡工程运行后，对于三峡工程运行前丰水年模型出口边界（即湖口站水位），需要通过合理方式确定。首先根据三峡工程运行前三峡上游清溪场水文站和三峡下游宜昌水文站的长系列逐月水文资料（1991—2002 年），确定三峡工程运行前两个水文站的相关关系（图 5.13），从结果来看，发现清溪场水文站与宜昌水文站在三峡工程运行前具有良好的相关性，建立经验公式如下：

$$Q_{宜昌站}=1.0939Q_{清溪场站}-77.68 \tag{5.1}$$

在此基础上，为定量分析长江干流流量变化对湖口站水位的影响，依据 1988—2011 年实测水文资料，建立湖口站水位 $z_h$ 与五河流量 $Q_w$、九江站流量 $Q_j$ 的关系式。通过点绘 1988—2011 年湖口站各月平均水位与九江站月均流量的实测资料，发现 $z_h$ 和 $Q_j$ 之间存在较好的相关性（图 5.14）。

由 5.14 可知，湖口站水位与九江站流量趋势线呈现对数关系，决定系数 $R^2=$ 0.9531，因此 $z_h$ 和 $Q_j$ 的相关关系以对数函数为基底函数。另外当五河来流不断增加时，湖口站水位也有一定的增加，但由于断面形态等原因，水位越高，同样的五河增量越小，

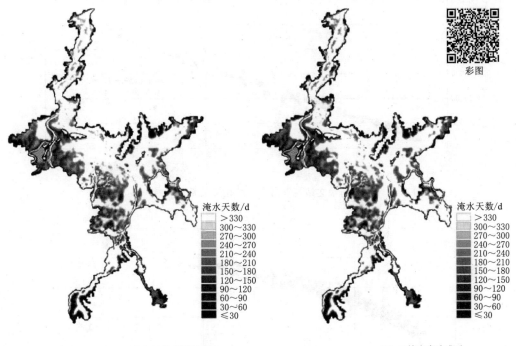

（a）三峡水库建成前

（b）三峡水库建成后

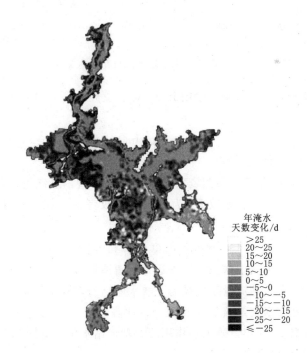

（c）三峡水库建成后－三峡水库建成前

图 5.12 鄱阳湖湖区三峡水库建成前后空间淹水时长变化

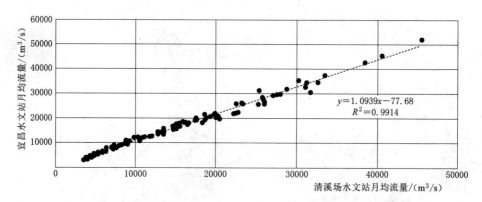

图 5.13　清溪场水文站与宜昌水文站相关关系 (1991—2002 年)

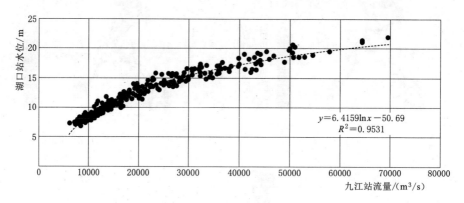

图 5.14　湖口站水位与九江站流量关系

与对数函数的特征类似，因此考虑用 $\ln Q_w$ 对水位经验公式进行修正。因此构造湖口站水位关系式如下：

$$z_h = c_0 + c_1 \ln Q_j + c_2 \ln Q_w \tag{5.2}$$

式中：$c_0$、$c_1$、$c_2$ 为修正系数。

采用 2003—2011 年逐月实测资料计算各系数取值，最终可以得到湖口站水位的经验公式，见式 (5.3)，其决定系数 $R^2$ 为 0.98，较仅考虑九江站流量的决定系数 (图 5.15，$R^2 = 0.95$) 有所提升。

$$z_h = 6.33 \ln Q_j + 0.44 \ln Q_w - 53.8 \tag{5.3}$$

基于式 (5.1)，可以根据三峡工程运行后清溪场流量推求不考虑三峡工程调度作用下的宜昌站流量，将宜昌站流量变化视为三峡水库运行对坝下游流量过程的调整值，并将其视作靠近湖口的九江水文站流量调整值，在此基础上，利用式 (5.3) 中的湖口站水位计算公式可计算得出 2010 年三峡工程作用前后湖口站水位，见图 5.15。

### 5.3.2.2　水文站水位变化

鄱阳湖星子站、都昌站、棠荫站、康山站四站在 2010 年三峡工程运行前和 2010 年三峡工程运行后的逐月水位对比及月均水位变幅见图 5.16。

从图 5.16 可知，2010 年三峡工程运行前湖区各站最低月均水位分别为星子站

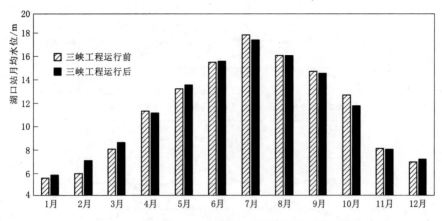

图 5.15    2010 年三峡工程运行前后湖口站月均水位

6.50m（1 月）、都昌站 7.38m（1 月）、棠荫站 11.10m（11 月）和康山站 11.70m（11月），各站最高月均水位均发生在 7 月，分别为星子站 18.20m、都昌站 18.21m、棠荫站18.21m 和康山站 18.21m。三峡工程运行后星子站水位最大增加 0.36m（5 月），最大减少 0.90m（10 月）；都昌站水位最大增加 0.34m（5 月），最大减少 0.90m（10 月）；棠荫站水位最大增加 0.32m（5 月），最大减少 0.81m（10 月）；康山站水位最大增加0.20m（5 月），最大减少 0.47m（10 月）。2010 年三峡工程运行前星子站年平均水位12.04m，三峡工程运行后年平均水位 12.02m（−0.2%）；三峡工程运行前都昌站年平均水位 12.30m，三峡工程运行后年平均水位 12.25m（−0.4%）；三峡工程运行前棠荫站年平均水位 13.51m，三峡工程运行后年平均水位 13.43m（−0.6%）；三峡工程运行前康山站年平均水位 14.10m，三峡工程运行后年平均水位 14.04m（−0.4%）。可见三峡工程运行后，2010 年湖区各站点年平均水位均有所下降，但降幅均在 1% 以内。

### 5.3.2.3    湖区水位变化

为研究 2010 年不同时期鄱阳湖湖区整体水位变化，除研究 2010 年三峡工程运行前和2010 年三峡工程运行后的湖区年平均水位分布外，还对枯水期（11 月至次年 3 月）平均水位进行了研究。

2010 年三峡工程运行前和 2010 年三峡工程运行后湖区年平均水位、湖区年平均水位变化差值见图 5.17（a）。由图可知，与 2010 年三峡运行前相比，2010 年三峡运行后湖区年平均水位在全湖区总体呈现下降趋势，湖区年平均水位减少 0.04m，仅在星子站以北的入江水道主槽区域略有增加，增幅在 0~0.05m；在松门山以北的入江水道滩地区域，年平均水位降低 0.05~0.1m，松门山—星子段主槽区域年平均水位降低 0~0.05m；在松门山以南区域，主湖区中部及东北部水位变化相对明显，降幅在 0.05~0.1m；其余各区域（包括主湖区西部滩地区域，东部湖区的南边部分区域，抚河、信江入主湖区的河道区域等）水位降幅基本均在 0~0.05m。

2010 年三峡工程运行前和三峡工程运行后湖区在枯水期的平均水位、枯水期平均水位变化差值见图 5.17（b）。由图可知，与 2010 年三峡工程运行前枯水期平均水位相比，2010 年三峡工程运行后湖区枯水期水位变化未呈现明显的区域分布特征，湖区枯水期平

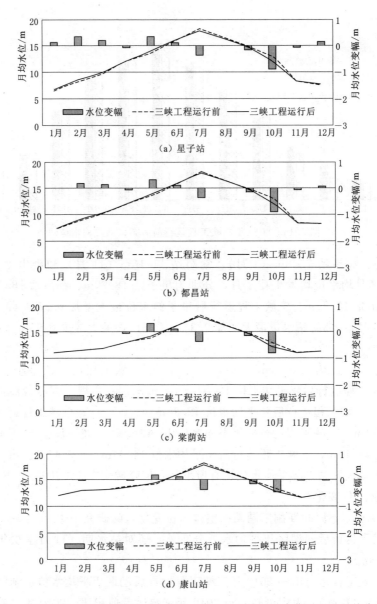

图 5.16　2010 年星子站、都昌站、棠荫站、康山站四站逐月水位对比及月均水位变幅

均水位增加 0.01m。松门山以北的入江水道区域是枯水期全湖区水位变化相对较大区域，其主槽区域水位增幅在 0.1m 以上，星子站—湖口段主槽水位增幅超过了 0.2m，入江水道的滩地区域水位增幅在 0~0.1m；在松门山以南的主湖区，水位变幅未呈现明显的规律性分布，湖区水位变幅均在±0.1m 内。

### 5.3.2.4　湖区流速变化

为研究 2010 年不同时期鄱阳湖湖区流速分布变化，除了研究 2010 年三峡运行前和 2010 年三峡运行后湖区年平均流速分布外，还对枯水期（11 月至次年 3 月）平均流速进行了研究。

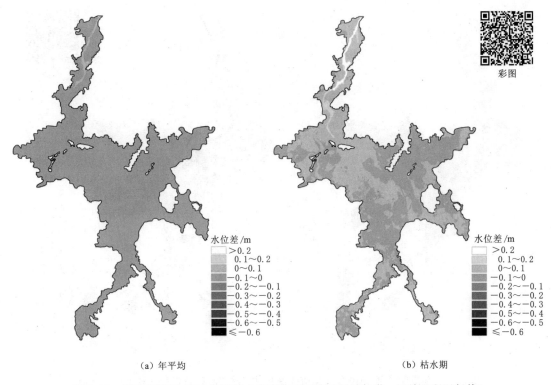

（a）年平均                （b）枯水期

图 5.17 鄱阳湖湖区 2010 年平均水位变化（三峡工程运行后－三峡工程运行前）

2010 年三峡工程运行前和 2010 年三峡工程运行后湖区年平均流速、湖区平均流速变化差值见图 5.18（a）。由图可知，与 2010 年三峡前年平均流速相比，2010 年三峡后湖区年平均流速总体呈现减少趋势，在松门山以北的入江水道区域，河道主槽流速降幅普遍在 0.005m/s 以上，局部区域降幅超过 0.02m/s，主槽附近的部分区域年平均流速增加 0～0.005m/s，但更多的滩地区域年平均流速减少 0～0.005m/s；在松门山以南，流速增加区域主要位于各支流汇入湖区的主槽，主湖区西部的滩地，东部湖区的南边部分区域及抚河、信江入主湖区的河道滩地区域，增幅一般在 0.005m/s 以内；在湖区的其他位置，基本均呈现流速减少 0～0.005m/s。

2010 年三峡工程运行前和三峡工程运行后湖区在枯水期的平均流速、枯水期平均流速变化差值见图 5.18（b）。由图可知，与 2010 年三峡工程运行前枯水期平均流速相比，2010 年三峡工程运行后枯水期平均流速变化较为显著。在松门山以北的入江水道区域，主槽流速明显减少，降幅在 0.025m/s 以上，而入江水道的滩地区域枯水期平均流速明显增加，增幅在 0.025m/s 以上，初步推测原因在于枯水期三峡补水抬升湖口水位，三峡工程运行后湖区水位抬升，三峡工程运行前部分不过流滩地开始过流，流速增加，而主槽区域流速由于过流断面的增大而有所减小；在松门山以南，主湖区西部的滩地区域，抚河、信江入主湖区的河道滩地区域流速增幅均十分明显，基本均在 0.02m/s 以上；主湖区东北部相对独立，三峡工程运行前后流速均较小，因此变化基本在±0.005m/s 以内；主湖区主槽区域流速同样明显减少，降幅也基本均在 0.025m/s 以上。

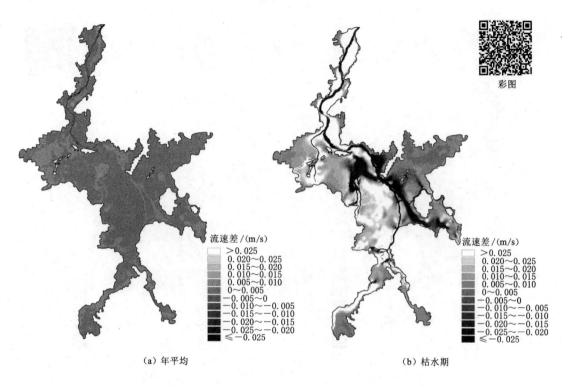

彩图

流速差/(m/s)
> 0.025
0.020~0.025
0.015~0.020
0.010~0.015
0.005~0.010
0~0.005
-0.005~0
-0.010~-0.005
-0.015~-0.010
-0.020~-0.015
-0.025~-0.020
≤-0.025

流速差/(m/s)
> 0.025
0.020~0.025
0.015~0.020
0.010~0.015
0.005~0.010
0~0.005
-0.005~0
-0.010~-0.005
-0.015~-0.010
-0.020~-0.015
-0.025~-0.020
≤-0.025

(a) 年平均　　　　　　　　　　　　　　　　　(b) 枯水期

图 5.18　鄱阳湖湖区 2010 年平均流速变化（三峡工程运行后－三峡工程运行前）

### 5.3.2.5　湖区水资源量变化

图 5.19 是 2010 年鄱阳湖水面面积和水体容积在三峡工程运行前后的逐月变化图。总体来看，2010 年高水时期鄱阳湖呈现湖相，水面面积较大，达到 3200km$^2$；在退水期鄱阳湖由湖相向河相转变，水面面积迅速降低，在低水期鄱阳湖呈现河相，河水归槽，水面面积维持在一个较低的水平，但由于 2010 年是丰水年，湖区水量较为充沛，水面面积最少月份仍有 2000km$^2$。水体容积年内变化的趋势总体上和水面面积变化趋势保持一致，高水时期鄱阳湖呈现湖相，水体容积较大，在低水期鄱阳湖呈现河相，水体容积明显较小。2010 年鄱阳湖水体容积年内最大值高于 200 亿 m$^3$，最小值低于 15 亿 m$^3$，体积最大值/体积最小值不小于 13，远高于面积比值（≈1.6）。

经计算，2010 年在三峡工程运行前鄱阳湖全年水面面积均值为 2668km$^2$，在三峡工程运行后全年水面面积均值为 2647km$^2$，较三峡工程运行前减少约 0.8%。在各月份中，2 月、3 月、5 月、6 月、12 月鄱阳湖水面面积在三峡工程运行后均有所增加，其中 2 月、3 月、12 月水面面积增加主要源于三峡工程在枯水期对长江干流的补水作用；5 月、6 月为三峡工程预泄期，三峡水位在 6 月中旬要降到防洪限制水位，下泄流量增加，对鄱阳湖湖口水位造成顶托，导致鄱阳湖水位的抬高，因此湖区水面面积增加；各月份水面面积增幅在 4~30km$^2$，最小值发生在 6 月，最大值发生在 5 月，各月份水面面积平均增加约 15km$^2$。1 月份水面面积在三峡工程运行前后基本不变。其余月份湖区水面面积在三峡工程运行后均减少，降幅在 3~186km$^2$，最小值发生在 8 月，最大值发生在 10 月，各月份

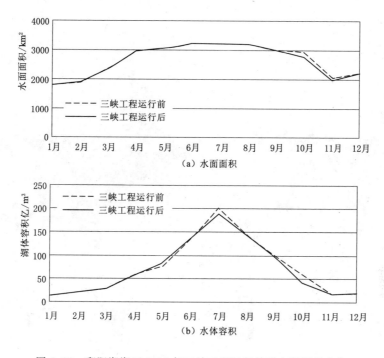

图 5.19 鄱阳湖湖区 2010 年三峡工程运行前后水资源量变化

水面面积平均减少约 $55km^2$。

2010 年在三峡工程运行前鄱阳湖全年水体容积均值为 72.7 亿 $m^3$，在三峡工程后全年水体容积均值为 71.1 亿 $m^3$，较三峡工程运行前减少约 2.2%。在各月份中，1—3 月、5 月、6 月、12 月鄱阳湖水体容积在三峡工程运行后均有所增加，各月份水体容积增幅在 0.1~7.3 亿 $m^3$，最小值发生在 1 月，最大值发生在 5 月，各月份水体容积平均增加 2.1 亿 $m^3$。8 月水体容积在三峡工程运行前后基本不变。其余月份湖区水体容积在三峡工程运行后均减少，降幅在 0.3~14.2 亿 $m^3$，最小值发生在 11 月，最大值发生在 10 月，各月份水体容积平均减少约 6.3 亿 $m^3$。

### 5.3.2.6 湖区淹水时长变化

2010 年三峡工程运行前鄱阳湖整个湖区的平均淹水天数为 239d，三峡工程运行后湖区平均淹水天数为 237d，淹水天数较三峡工程建设前减少了 2d，两种工况下的淹水天数空间分布对比情况见图 5.20。

相比于 2010 年三峡工程运行前工况，三峡工程运行后淹水天数变化在空间上的分布呈现较为明显以松门山为界的分区域分布特征。在松门山以北的入江水道区域，淹水天数呈现较为明显的增幅，但增加天数一般在 5d 以内，少数区域的淹水天数增加 5~10d（多位于入江水道的滩地区域）；在松门山以南的大片湖区，淹水天数基本均为减少状态，其中主湖区中部、松门山以南以及湖区东北部的局部区域淹水天数减少 5~15d，其余区域淹水天数降幅基本均在 5d 以内。总体而言，2010 年淹水天数在三峡工程运行前后变化较小，除少数区域外，基本均在 ±10d 以内。

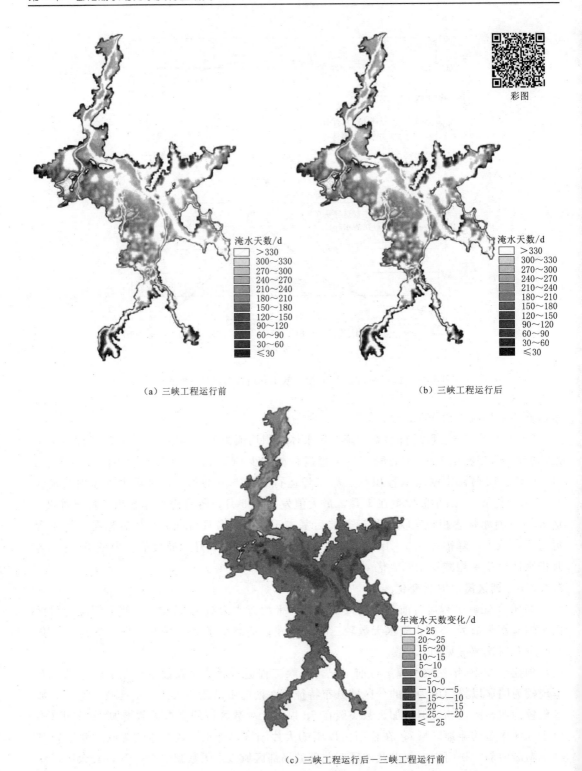

彩图

淹水天数/d
>330
300～330
270～300
240～270
210～240
180～210
150～180
120～150
90～120
60～90
30～60
≤30

（a）三峡工程运行前

淹水天数/d
>330
300～330
270～300
240～270
210～240
180～210
150～180
120～150
90～120
60～90
30～60
≤30

（b）三峡工程运行后

年淹水天数变化/d
>25
20～25
15～20
10～15
5～10
0～5
-5～0
-10～-5
-15～-10
-20～-15
-25～-20
≤-25

（c）三峡工程运行后-三峡工程运行前

图 5.20　2010 年鄱阳湖湖区在三峡工程运行前后空间淹水时长变化

# 5.4 鄱阳湖水利枢纽工程对湖区水流水质的影响

## 5.4.1 鄱阳湖水利枢纽工程概况

鄱阳湖水利枢纽工程是江西省提出的一项针对鄱阳湖的综合调控工程。工程提出后经多年论证，方案反复修改。鄱阳湖水利枢纽工程是I等大（1）型工程，位于鄱阳湖北部入江水道，屏峰山与长岭山之间。工程上距星子县城约12km，下至长江汇合口约27km，左岸为长岭山，山顶高程为129m，右岸为屏峰山，山顶高程为149.2m，两山之间湖面宽约为2.8km，枢纽可控制鄱阳湖水系全部流域面积。工程设计轴线总长2993.6m；计划设置64孔泄水闸，其中孔口净宽26m的常规水闸60孔，孔口净宽60m的大孔泄水闸4孔；枢纽左岸设置三线单级I级，并在右岸并行布置两条高、低水位鱼道，用于汛后及枯水期过鱼之用。

鄱阳湖水利枢纽工程建设的基本理念为：建闸不建坝，调枯不调洪，拦水不发电，建管不调度，江湖两利，动态调控。调度的基本原则为：调枯不调洪，与控制性工程联合运用，基本恢复长江上游控制性工程运用前的江湖关系，综合影响最小，水资源统一调度。

2016年6月江西省鄱阳湖水利枢纽建设办公室本着既有利于改善民生，又有利于保护湿地生态及越冬鸟类的原则，按照中国科学院等机构湿地专家的研究结论，拟定调度方案，见表5.2。鄱阳湖水利枢纽工程为开放式全闸结构，每年汛期4—8月闸门全开，江湖连通，既可以有效地发挥鄱阳湖调蓄洪水的作用，也积极地保护了水生动物洄游繁殖的习性；汛末对湖区水位加以节制，避免水位下降过快，减轻低水位对湖区生态造成的影响，实现洪水资源化利用；枯水期9月至次年3月坚持生态保护与综合利用相结合的原则，根据当年实际水情对湖区水位进行动态调控，保证相对稳定的鄱阳湖枯水位。

表 5.2 鄱阳湖水利枢纽工程拟定调度方案

| 时 段 | 调 度 方 案 |
|---|---|
| 3月上中旬至8月31日 | 泄水闸门全部敞开，江湖连通 |
| 9月1—15日 | 当闸上水位高于14.50m时，泄水闸门全部敞开；当闸上水位降到14.50m时，减少闸门开启孔数，按五河和区间来水下泄，水位维持14.50m；若闸上水位低于14.50m，在泄放满足航运、水生态与水环境用水流量的前提下，提高蓄水至14.50m |
| 9月16—30日 | 闸上水位逐步均匀消落至14.00m |
| 10月1—10日 | 闸上水位逐步均匀消落至13.50m |
| 10月11—20日 | 闸上水位逐步均匀消落至13.00m |
| 10月21—31日 | 闸上水位逐步均匀消落至12.00m左右 |
| 11月1—10日 | 闸上水位逐步均匀消落至11.00m |
| 11月11—30日 | 闸上水位逐步均匀消落至10.00m |
| 12月1—31日 | 闸上水位基本维持在10.00m左右 |
| 1月1日至次年2月底 | 根据最小通航流量、水生态与水环境用水等需求控制枢纽下泄流量，使闸上水位逐步均匀消落至9.50m左右 |
| 3月1日—3月上中旬 | 闸前水位逐渐下降至与外江水位持平，闸门打开，江湖连通 |

### 5.4.2 丰水年的建闸响应

选取 2010 年作为典型丰水年，模拟建闸前后湖区全年 365 天水流水质过程，分析丰水年湖泊水流水质对建闸的响应。

#### 5.4.2.1 水位响应

图 5.21 是 2010 年建闸前后四站的水位对比情况。按照枢纽调度方案，3 月上中旬至 8 月 31 日为江湖连通期，该时段内四站模拟水位在建闸前后基本保持不变，体现了江湖连通的特点。由于 2010 年为丰水年，汛后湖区水位仍然处于较大的值，不用发挥枢纽蓄水功能即可满足枢纽调度方案对湖区节制水位的要求，故 9 月 1 日—10 月 6 日仍处于江湖连通状态。10 月 6 日以后，枢纽工程开始关闸蓄水，使得湖区水位逐渐均匀消落，直至基本维持一个相对稳定的水位，这体现了模型对调度方案模拟的正确性。

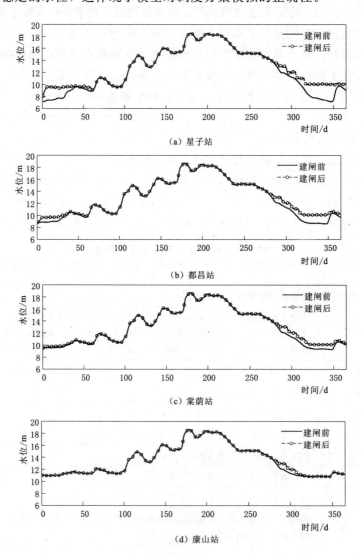

图 5.21　2010 年建闸前后四站水位对比图

表 5.3 为 2010 年建闸前后四站各时期水位变幅均值。星子站建闸前年平均水位 12.318m，建闸后年平均水位 12.840m，提高了 0.522m；都昌站建闸前年平均水位 12.912m，建闸后年平均水位 13.205m，提高了 0.293m；棠荫站建闸前年平均水位 13.026m，建闸后年平均水位 13.205m，提高了 0.179m；康山站建闸前年平均水位 13.491m，建闸后年平均水位 13.552m，提高了 0.061m。

**表 5.3** 　　　　　　　　　　**2010 年建闸前后四站各时期水位变幅** 　　　　　　　　　单位：m

| 水文站 | 枯水期变幅均值 | 丰水期变幅均值 | 平水期变幅均值 | 全年变幅均值 | 全年变幅最大值 |
|---|---|---|---|---|---|
| 星子站 | 1.106 | 0.003 | 1.023 | 0.522 | 2.946 |
| 都昌站 | 0.402 | 0.003 | 0.676 | 0.293 | 1.474 |
| 棠荫站 | 0.124 | 0.001 | 0.475 | 0.179 | 1.225 |
| 康山站 | 0.001 | 0 | 0.184 | 0.061 | 1.207 |

枢纽工程主要提高了湖区枯水期和平水期的水位，对丰水期水位基本无影响，所以仅给出枯水期和平水期建闸后的平均水位变幅，见图 5.22。由图 5.22 可以直观地看出，水利枢纽工程建设运行后，枢纽工程上游湖区水位增大明显，下游入江水道水位基本增大，主槽略有减小，并且枢纽工程对上游湖区水位抬升作用由北向南逐渐减小。

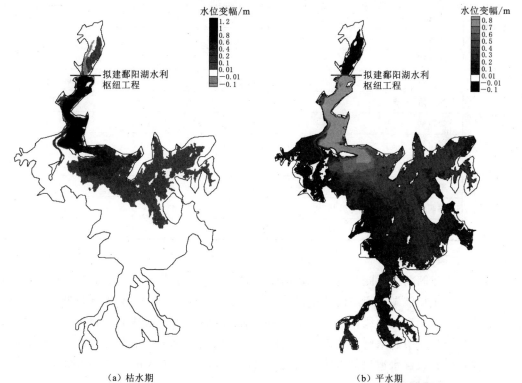

（a）枯水期　　　　　　　　　　　　　（b）平水期

图 5.22　2010 年枯水期与平水期建闸前后平均水位变幅
（请扫描右方二维码查看彩图）

### 5.4.2.2  流速响应

由表 5.4 可以看出，整个计算年四个水文站的年平均流速都在减小。枯水期四站流速减小幅度为 $0 \sim 0.245 \mathrm{m/s}$；丰水期四站流速基本无变化；平水期四站流速减小幅度为 $0.004 \sim 0.113 \mathrm{m/s}$。由于丰水期湖区水位较高，闸门全开，江湖连通，所以湖区流速基本无变化；枯水期和平水期，闸上水位低于节制水位，枢纽对湖区水位进行调节，湖区水位升高，且水位升高幅度由北向南逐渐减小，这降低了南北湖面比降，使得湖区平均流速降低，降低幅度符合由北向南逐渐减小的规律。同时局部滩地区域流速有所增加，主要因为枢纽工程作用下湖区水位抬升，水面面积增加，建闸前不过水区域在枢纽工程蓄水作用下有水流经过，相较于建闸前流速增加。

| 表 5.4 | | 2010 年建闸前后不同时期的流速均值及变化值 | | 单位：m/s |
|---|---|---|---|---|
| 时 期 | 水位站 | 建闸前流速均值 | 建闸后流速均值 | 流速均值变化值 |
| 枯水期 | 星子站 | 0.514 | 0.269 | −0.245 |
| | 都昌站 | 0.200 | 0.071 | −0.129 |
| | 棠荫站 | 0.269 | 0.251 | −0.019 |
| | 康山站 | 0.080 | 0.080 | 0 |
| 丰水期 | 星子站 | 0.274 | 0.274 | 0 |
| | 都昌站 | 0.054 | 0.053 | 0 |
| | 棠荫站 | 0.133 | 0.133 | 0 |
| | 康山站 | 0.028 | 0.028 | 0 |
| 平水期 | 星子站 | 0.229 | 0.117 | −0.113 |
| | 都昌站 | 0.095 | 0.023 | −0.071 |
| | 棠荫站 | 0.124 | 0.094 | −0.030 |
| | 康山站 | 0.032 | 0.028 | −0.004 |
| 全年 | 星子站 | 0.298 | 0.221 | −0.077 |
| | 都昌站 | 0.091 | 0.046 | −0.045 |
| | 棠荫站 | 0.152 | 0.139 | −0.013 |
| | 康山站 | 0.038 | 0.036 | −0.001 |

### 5.4.2.3  总磷浓度响应

表 5.5 为建闸前后不同时期的总磷浓度均值变化，枯水期和平水期浓度均值在建闸后略微减小，丰水期江湖连通浓度均值基本不变。图 5.23 更为详细地描绘了四个水文站建闸前后浓度全年的变化曲线，由于枯水期和平水期枢纽发挥蓄水功能，湖区水位抬高、水量增多，稀释作用引起浓度微弱下降。但同时，闸门关闭导致整个湖区流速减小，污染物在湖区滞留，在入江水道局部地区及松门山附近出现了浓度增大的趋势，如图 5.24 所示。

### 5.4.2.4  水量响应

表 5.6 是建闸前后鄱阳湖湖区水量各时期变化数据，全年湖区水量均值提升了 $2.90\%$，枯水期和平水期均值分别提升了 $9.93\%$ 和 $11.04\%$，而丰水期均值基本无变化，说明枢纽工程主要作用时期为枯水期和平水期，丰水期由于水位较高，湖区处于江湖连通

表 5.5 　　　　　　　　2010 年建闸前后不同时期的总磷浓度均值及变化值 　　　　单位：mg/L

| 时期 | 水文站 | 建闸前浓度均值 | 建闸后浓度均值 | 浓度均值变化值 | 变幅最大增大值 | 变幅最大减小值 |
|---|---|---|---|---|---|---|
| 枯水期 | 星子站 | 0.101 | 0.098 | −0.003 | 0.004 | −0.037 |
| | 都昌站 | 0.092 | 0.092 | 0 | 0.012 | −0.011 |
| | 棠荫站 | 0.102 | 0.102 | 0 | 0.006 | −0.006 |
| | 康山站 | 0.096 | 0.096 | 0 | 0.001 | −0.001 |
| 丰水期 | 星子站 | 0.062 | 0.062 | 0 | 0.001 | −0.001 |
| | 都昌站 | 0.060 | 0.060 | 0 | 0 | −0.004 |
| | 棠荫站 | 0.070 | 0.070 | 0 | 0.003 | −0.001 |
| | 康山站 | 0.047 | 0.047 | 0 | 0.001 | −0.001 |
| 平水期 | 星子站 | 0.052 | 0.049 | −0.003 | 0.01 | −0.026 |
| | 都昌站 | 0.026 | 0.022 | −0.005 | 0.003 | −0.048 |
| | 棠荫站 | 0.038 | 0.035 | −0.003 | 0.007 | −0.028 |
| | 康山站 | 0.026 | 0.026 | 0 | 0.003 | −0.006 |
| 全年 | 星子站 | 0.065 | 0.063 | −0.002 | 0.01 | −0.037 |
| | 都昌站 | 0.054 | 0.052 | −0.002 | 0.012 | −0.048 |
| | 棠荫站 | 0.065 | 0.064 | −0.001 | 0.007 | −0.028 |
| | 康山站 | 0.048 | 0.048 | 0 | 0.003 | −0.006 |

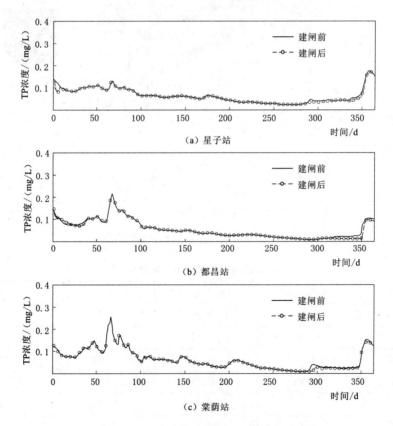

图 5.23（一）　2010 年建闸前后四站浓度对比图

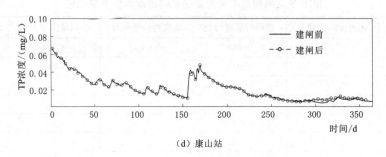

（d）康山站

图 5.23（二）　2010 年建闸前后四站浓度对比图

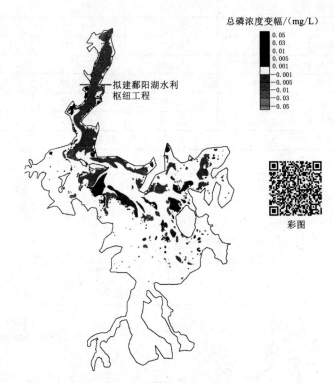

图 5.24　2010 年建闸前后枯水期总磷浓度变幅

表 5.6　　　　　　　　　　　　　2010 年建闸前后湖区水量各时期变化

| 各时期水量 | 建闸前/亿 m³ | 建闸后/亿 m³ | 增加值/亿 m³ | 增加百分比/% |
|---|---|---|---|---|
| 枯水期均值 | 34.16 | 37.56 | 3.39 | 9.93 |
| 丰水期均值 | 175.57 | 175.60 | 0.03 | 0.02 |
| 平水期均值 | 79.54 | 88.32 | 8.78 | 11.04 |
| 全年均值 | 120.62 | 124.11 | 3.50 | 2.90 |
| 全年最小值 | 22.66 | 24.69 | 2.03 | 8.95 |
| 全年最大值 | 306.98 | 306.98 | 0 | 0 |

状态，此时湖区水量不受影响，通常全年湖区水量最大值也发生在江湖连通期，因而建闸前后全年水量最大值保持不变。图 5.25 展示了枢纽工程蓄水对湖区水量全年的影响，主要集中在枯水期和平水期，且由于 2010 年是丰水年，枢纽对湖区水量提升作用较小。

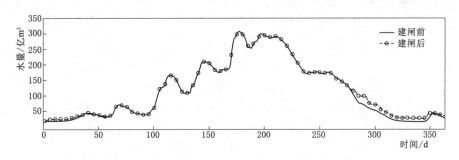

图 5.25　2010 年建闸前后湖区水量年内变化

### 5.4.3　枯水年的建闸响应

选取 2011 年作为典型枯水年，模拟建闸前后湖区全年 365d 水流水质过程，分析枯水年湖泊水流水质对建闸的响应。

#### 5.4.3.1　水位响应

图 5.26 是 2011 年四站建闸前后的水位对比情况。按照枢纽调度方案，3 月上中旬—8月 31 日为江湖连通期，该时段内四站模拟水位在建闸前后基本保持不变，体现了江湖连通的特点。由于 2011 年为枯水年，汛后湖区水位较低，不满足调度方案的要求，故 9 月 1日开始枢纽工程发挥蓄水功能，湖区水位逐渐上涨，然后按照节制水位逐渐均匀消落，直至基本维持一个相对稳定的水位。

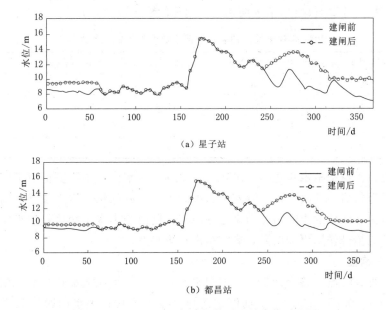

（a）星子站

（b）都昌站

图 5.26（一）　2011 年建闸前后四站水位对比图

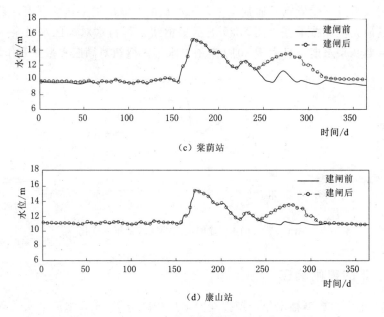

（c）棠荫站

（d）康山站

图 5.26（二） 2011 年建闸前后四站水位对比图

表 5.7 为 2011 年建闸前后四站各时期水位变幅均值及最大值。星子站建闸前年平均水位 9.666m，建闸后年平均水位 10.673m，提高了 1.007m；都昌站建闸前年平均水位 10.334m，建闸后年平均水位 11.083m，提高了 0.749m；棠荫站建闸前年平均水位 10.599m，建闸后年平均水位 11.172m，提高了 0.573m；康山站建闸前年平均水位 11.536m，建闸后年平均水位 11.824m，提高了 0.288m。枢纽调度方案对湖区水位的影响从星子站到康山站逐渐减小，且主要提高了湖区枯水期和平水期的水位，对丰水期水位基本无影响，故图 5.27 仅给出枯水期和平水期建闸后水位变幅。

表 5.7  2011 年建闸前后四站各时期水位变幅均值及最大值  单位：m

| 水文站 | 枯水期变幅均值 | 丰水期变幅均值 | 平水期变幅均值 | 全年变幅均值 | 全年变幅最大值 |
|---|---|---|---|---|---|
| 星子站 | 1.108 | 0.008 | 2.465 | 1.007 | 4.290 |
| 都昌站 | 0.556 | 0.005 | 1.964 | 0.749 | 3.740 |
| 棠荫站 | 0.168 | 0.002 | 1.631 | 0.573 | 3.385 |
| 康山站 | 0 | 0 | 0.861 | 0.288 | 2.475 |

总的来说，无论是枯水年还是丰水年，丰水期湖区水位基本不受枢纽工程影响，水利枢纽工程建设运行后，枢纽工程上游湖区水位增大，下游入江水道水位基本增大，主槽略有减小，且对湖区水位的影响由北向南逐渐减小。同时与丰水年相比，枯水年水利枢纽工程对湖泊水位的抬升作用更加明显，影响范围也更加宽广。

### 5.4.3.2 流速响应

由表 5.8 可以看出，整个计算年，四个水文站的年平均流速都在减小。枯水期四站流速减小幅度为 0～0.257m/s；丰水期四站流速基本无变化；平水期四站流速减小幅度为 0.021～0.217m/s。由于丰水期湖区水位较高，闸门全开，江湖连通，所以湖区流速基本

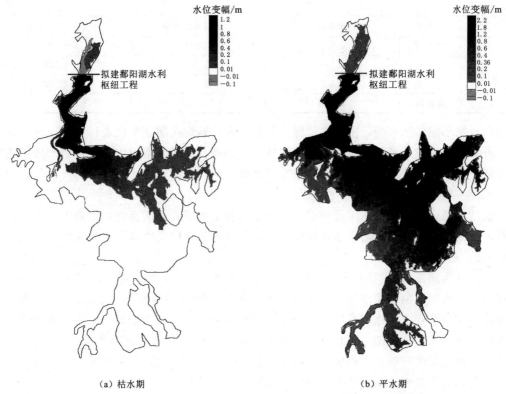

（a）枯水期　　　　　　　　　　（b）平水期

图 5.27　2011 年枯水期与平水期建闸前后平均水位变幅
（请扫描右方二维码查看彩图）

| 表 5.8 | | 2011 年建闸前后不同时期的流速均值及变化值 | | 单位：m/s |
| --- | --- | --- | --- | --- |
| 时期 | 水位站 | 建闸前流速均值 | 建闸后流速均值 | 流速均值变化值 |
| 枯水期 | 星子站 | 0.413 | 0.156 | −0.257 |
| | 都昌站 | 0.245 | 0.033 | −0.212 |
| | 棠荫站 | 0.189 | 0.172 | −0.017 |
| | 康山站 | 0.060 | 0.060 | 0 |
| 丰水期 | 星子站 | 0.316 | 0.316 | 0 |
| | 都昌站 | 0.110 | 0.108 | −0.002 |
| | 棠荫站 | 0.170 | 0.171 | 0 |
| | 康山站 | 0.040 | 0.040 | 0 |
| 平水期 | 星子站 | 0.293 | 0.076 | −0.217 |
| | 都昌站 | 0.149 | 0.017 | −0.132 |
| | 棠荫站 | 0.167 | 0.075 | −0.092 |
| | 康山站 | 0.045 | 0.024 | −0.021 |

续表

| 时期 | 水位站 | 建闸前流速均值 | 建闸后流速均值 | 流速均值变化值 |
|---|---|---|---|---|
| 全年 | 星子站 | 0.324 | 0.210 | −0.114 |
| | 都昌站 | 0.145 | 0.065 | −0.080 |
| | 棠荫站 | 0.172 | 0.139 | −0.033 |
| | 康山站 | 0.045 | 0.038 | −0.007 |

无变化；枯水期和平水期，闸上水位低于节制水位，枢纽对湖区水位进行调节，导致湖区水位升高，且水位升高幅度由北向南逐渐减小，这降低了南北湖面比降，使得湖区平均流速降低，降低幅度满足由北向南逐渐减小的规律。同时局部滩地区域流速有所增加，原因同丰水年一样。

总的来说，枯水年枢纽工程主要影响枯水期和平水期的湖区流速，对处于江湖连通期内的丰水期基本无影响。与丰水年相比，枯水年湖区流速的变幅值和影响区域均更大。

### 5.4.3.3　总磷浓度响应

表 5.9 为建闸前后不同时期的总磷浓度均值及变化值，枯水期浓度均值在建闸后有轻微提高，丰水期江湖连通浓度均值基本不变，平水期浓度均值略有减小。图 5.28 更为详细地描绘了四个水文站建闸前后浓度全年的变化曲线。与丰水年相似，由于枯水期和平水期枢纽发挥蓄水功能，湖区水位抬高、水量增多，主河槽总磷浓度基本不变或略有下降。但同时，闸门关闭导致整个湖区流速减小，枯水年污染物在湖区滞留更为严重，在入江水道及松门山附近出现了浓度增长的现象，如图 5.29 所示。

表 5.9　　　　　　　2011 年建闸前后不同时期的总磷浓度均值及变化值　　　　单位：mg/L

| 时期 | 水文站 | 建闸前浓度均值 | 建闸后浓度均值 | 浓度均值变化值 | 变幅最大增大值 | 变幅最大减小值 |
|---|---|---|---|---|---|---|
| 枯水期 | 星子站 | 0.045 | 0.045 | 0 | 0.004 | −0.005 |
| | 都昌站 | 0.037 | 0.038 | 0.001 | 0.005 | −0.003 |
| | 棠荫站 | 0.036 | 0.037 | 0.001 | 0.004 | −0.002 |
| | 康山站 | 0.042 | 0.042 | 0 | 0 | 0 |
| 丰水期 | 星子站 | 0.024 | 0.024 | 0 | 0.001 | −0.003 |
| | 都昌站 | 0.021 | 0.021 | 0 | 0.001 | −0.002 |
| | 棠荫站 | 0.026 | 0.026 | 0 | 0.001 | −0.001 |
| | 康山站 | 0.023 | 0.023 | 0 | 0 | −0.001 |
| 平水期 | 星子站 | 0.023 | 0.022 | −0.001 | 0.005 | −0.007 |
| | 都昌站 | 0.012 | 0.007 | −0.005 | 0 | −0.011 |
| | 棠荫站 | 0.015 | 0.013 | −0.003 | 0.002 | −0.012 |
| | 康山站 | 0.008 | 0.009 | 0.001 | 0.004 | −0.002 |
| 全年 | 星子站 | 0.027 | 0.027 | 0 | 0.005 | −0.007 |
| | 都昌站 | 0.020 | 0.019 | −0.001 | 0 | −0.011 |
| | 棠荫站 | 0.024 | 0.023 | −0.001 | 0.004 | −0.012 |
| | 康山站 | 0.021 | 0.021 | 0 | 0.004 | −0.002 |

总的来说，无论是枯水年还是丰水年，水质总体表现为，枯水期水质较差，丰水期水质较好，湖心水质优于入湖口水质。建闸后，枯水期大部分区域的总磷浓度有所下降，与

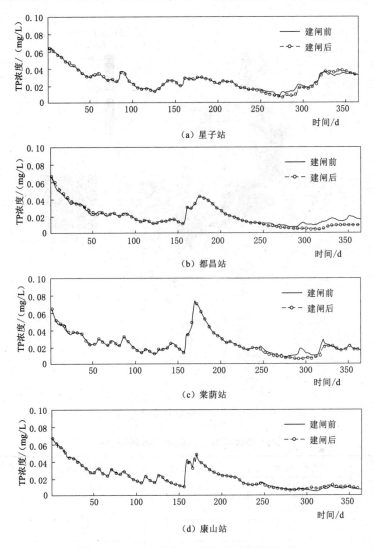

(a) 星子站

(b) 都昌站

(c) 棠荫站

(d) 康山站

图 5.28　2011 年建闸前后四站浓度对比图

前人研究成果相一致。

#### 5.4.3.4　水量响应

　　表 5.10 是建闸前后鄱阳湖湖区水量各时期变化数据，全年湖区水量均值提升了 22.17%，枯水期和平水期均值分别提升了 14.29% 和 94.27%，这远大于丰水年（2010年）同期的水量增幅，而丰水期均值基本无变化，说明枯水年枢纽工程的主要作用时期同样为枯水期和平水期。在丰水期，由于水位较高，湖区处于江湖连通状态，此时湖区水量不受影响，全年湖区水量最大值发生在江湖连通期，因而建闸前后全年水量最大值保持不变。从图 5.30 也可以直观地看出，枢纽工程蓄水对湖区水量全年的影响主要集中在枯水期和平水期，且由于 2011 年是枯水年，枢纽对湖区水量提升作用较强。

　　总的来说，无论是丰水年还是枯水年，枢纽工程对湖区水量的主要作用时期均为枯水期和平水期，对丰水期水量和峰值基本无影响，且枢纽工程对枯水年的水量补偿作用远强于丰水年。

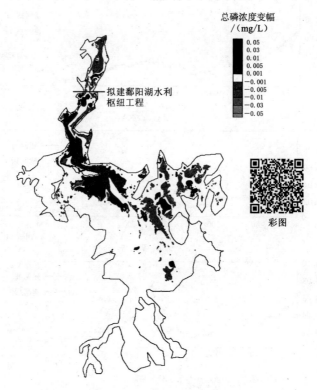

图 5.29  2011 年建闸前后枯水期总磷浓度变幅

| 各时期水量 | 建闸前/亿 m³ | 建闸后/亿 m³ | 增加值/亿 m³ | 增加百分比/% |
|---|---|---|---|---|
| 枯水期均值 | 28.93 | 33.06 | 4.13 | 14.29 |
| 丰水期均值 | 69.33 | 69.37 | 0.04 | 0.06 |
| 平水期均值 | 33.61 | 65.29 | 31.68 | 94.27 |
| 全年均值 | 50.86 | 62.14 | 11.28 | 22.17 |
| 全年最小值 | 22.75 | 26.45 | 3.70 | 16.27 |
| 全年最大值 | 191.94 | 191.94 | 0 | 0 |

表 5.10  2011 年建闸前后湖区水量各时期变化

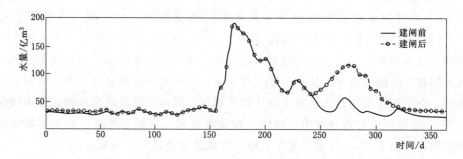

图 5.30  2011 年建闸前后湖区水量年内变化

# 第 6 章 结 语

本书围绕基于近似 Riemann 解格式的 Godunov 型有限体积方法在浅水流动模拟中的应用，系统阐述了自主研发的数学模型构建过程，重点介绍了该数学模型在植被水流模拟和实际工程中的应用。主要内容包括以下几个方面：

（1）构建了适用于复杂地形条件的二维浅水植被水流高精度数学模型。采用 MUSCL 非负线性重构以及局部地形修正保证了格式的静水和谐性；根据半隐式格式的构造方法，推导了摩阻源项的半隐式离散格式，增加了数学模型的稳定性；将基于 CUDA 语言的 GPU 并行技术引入到浅水数学模型中，提高了模型的计算效率。

（2）建立了灵活的自适应网格数学模型，结合提出的关键变量平均梯度作为判别因子进行网格密度动态调整，在保证良好的边界拟合能力和局部高精度解的同时极大地减少了计算网格数目，实现了模型精度与计算效率的统一。

（3）基于建立的数学模型研究了抚河故道植被对河道过流能力的影响；定量地分析了现有滩地植被对河道水流、水位和滩槽流量等水力特性的影响；通过改变现有植被分布，分析了不同植被控制方案下河道过流能力的变化。

（4）基于建立的数学模型定量分析了三峡水库建成后鄱阳湖湖区水文水动力变化以及鄱阳湖水利枢纽工程的建设运行对湖区水位、流速、浓度和水资源量的影响规律。

该数学模型具有计算精度高、计算稳定性好、计算效率高、适用范围广等优点，但在人机交互、数据前处理以及后处理等方面与成熟的、可推广的商业软件还有一定的差距。水流数学模型既是水利、环境、市政等行业的关键技术和核心竞争力，也是我国目前面临的"卡脖子"技术，我国相关行业从业者应该勇于承担责任，投身于自主研发水流数学模型的事业中。作者近年来在水流数值模拟方面取得的研究成果仅仅只是模型研发的一个开始，随着今后计算机技术和相关基础理论的发展和完善，未来作者将在模型界面开发、三维数学模型、水生态数学模型以及大规模并行处理技术等方面进一步深耕水流数学模型。

# 参 考 文 献

毕胜，周建中，陈生水，等，2013. Godunov 格式下高精度二维水流-输运耦合模型 [J]. 水科学进展，24 (5)：706 - 714.

毕胜，周建中，张华杰，等，2013. 复杂地形上非恒定浅水二维流动数值模拟 [J]. 水动力学研究与进展 A 辑，28 (1)：94 - 104.

毕胜，2014. 河流与浅水湖泊水流数值模拟及污染物输运规律研究 [D]. 武汉：华中科技大学.

程莉，赵振兴，黄本胜，2010. 植树护岸对河道水流影响的数值模拟 [J]. 水资源保护，26 (2)：24 - 27.

槐文信，高敏，曾玉红，等，2009. 考虑滩地植被的复式断面河道水流的二维解析解 [J]. 应用数学和力学，30 (9)：1049 - 1056.

槐文信，耿川，曾玉红，等，2011. 部分植被化矩形河槽紊流时均流速分布分析解 [J]. 应用数学和力学，32 (4)：437 - 444.

槐文信，唐雪，王伟杰，2016. 柔性淹没植被对生态河道洪水波影响研究 [J]. 华中科技大学学报 (自然科学版)，44 (4)：111 - 115.

槐文信，杨水草，杨中华，等，2012. 基于水深平均模型的植被水流数值模拟 [J]. 深圳大学学报 (理工版)，29 (1)：56 - 60.

李文赞，李叙勇，王晓学，2013. 20 年来密云水库主要入库河流总氮变化趋势和影响因素 [J]. 环境科学学报：自然科学版，33 (11)：3047 - 3052.

罗晶，杨具瑞，谭毅源，等，2010. 湿地刚性植物对水流结构影响的三维数值模拟 [J]. 水电能源科学，28 (1)：86 - 96.

潘存鸿，林炳尧，毛献忠，2003. 一维浅水流动方程的 Godunov 格式求解 [J]. 水科学进展，14 (4)：430 - 436.

钱银飞，邓国强，陈先茂，等，2015. 沟渠不同水生植物对双季稻田氮磷污染物净化效果的研究 [J]. 江西农业学报，27 (12)：103 - 106.

宋利祥，2012. 溃坝洪水数学模型及水动力学特性研究 [D]. 武汉：华中科技大学.

谭维炎，1998. 计算浅水动力学：有限体积法的应用 [M]. 北京：清华大学出版社.

唐洪武，闫静，肖洋，等，2007. 含植物河道曼宁阻力系数的研究 [J]. 水利学报，38 (11)：1347 - 1353.

唐士芳，2002. 桩和桩群的水流阻力及其在潮流数值模拟中的应用 [D]. 大连：大连理工大学.

王艾，2016. 流域人类活动净氮输入的时空变化及其对河道水质的影响 [D]. 北京：清华大学：85 - 87.

王佰伟，田富强，胡和平，2011. 三峡区间入流对三峡库区洪峰的影响分析 [J]. 中国科学：技术科学，41 (7)：981 - 991.

王忖，王超，2010. 含挺水植物和沉水植物水流紊动特性 [J]. 水科学进展，21 (6)：816 - 822.

吴福生，王文野，姜树海，2007. 含植物河道水动力学研究进展 [J]. 水科学进展，18 (3)：456 - 461.

吴福生，2007. 柔性植物阻流特性研究 [J]. 水利学报 (增刊 1)：5.

熊昭昭，王书月，童雨，等，2018. 江西省农业面源污染时空特征及污染风险分析 [J]. 农业环境科学学报，37 (12)：2821 - 2828.

杨海涛，2014. 海河故道水质模拟与最大日负荷总量研究 [D]. 天津：天津大学：41 - 42.

杨金波，李订芳，陈华，2012. 和谐 WAF 格式在带干河床浅水波方程中的应用 [J]. 华中科技大学学报 (自然科学版)，40 (2)：54 - 57.

杨克君，刘兴年，曹叔尤，等，2006. 植被作用下的复式河槽流速分布特性 [J]. 力学学报 (2)：246 - 250.

叶一隆，朱家民，陈智谋，2005. 布袋莲对渠槽曼宁系数之影响 [J]. 水利学报，36 (9)：1127 - 1132.

袁梦，黄本胜，邱秀云，等，2008. 水葫芦覆盖区水流阻力效应试验研究 [J]. 广东水利水电 (2)：7 - 10.

袁梦，2008. 有水葫芦河道水流特性试验及数值模拟研究 [D]. 乌鲁木齐：新疆农业大学.

张华杰，周建中，毕胜，等，2012. 基于自适应结构网格的二维浅水动力学模型［J］. 水动力学研究与进展 A 辑，27（6）：667 – 678.

张瑾，2011. 植被对河道水力特性影响的研究［D］. 扬州：扬州大学：61 – 63.

张明亮，沈永明，朱兰燕，2008. 受植被影响的弯曲渠道水流平面二维湍流数值模拟［J］. 水利学报，39（7）：794 – 800.

赵旭东，2017. 基于 GPU 加速的三维水动力数值模型及应用研究［D］. 大连：大连理工大学.

郑川东，白凤朋，杨中华，2017. 求解守恒形式的圣维南方程中处理不规则断面的一种改进方法［J］. 水电能源科学（12）：6.

朱红钧，2007. 凤眼莲生态型河道水流特性试验研究［D］. 南京：河海大学.

Audusse E，Bouchut F，Bristeau M O，et al，2004. A fast and stable well – balanced scheme with hydrostatic reconstruction for shallow water flows［J］. Siam journal on scientific computing，25（6）：2050 – 2065.

Bai F，Yang Z，Huai W，et al，2016. A depth – averaged two dimensional shallow water model to simulate flow – rigid vegetation interactions［J］. Procedia engineering，154：482 – 489.

Berthon C，2006. Why the MUSCL – Hancock Scheme is L 1 – stable［J］. Numerische mathematik，104（1）：27 – 46.

Courant R，Friedrichs K，Lewy H，1967. On the partial difference equations of mathematical physics［J］. IBM Journal of research and development，（2）：215 – 234.

Cunge J A，Holly F M，Verwey A，1980. Practical aspects computaional river hydraulics［M］. London：Pitman Advanced Pub. Program.

Eggleton J，Thomas K V，2004. A review of factors affecting the release and bioavailability of contaminants during sediment disturbance events［J］. Environment international，30（7）：973 – 980.

Ervine D A，Babaeyan – Koopaei K，Sellin R H J，2000. Two – dimensional solution for straight and meandering overbank flows［J］. Journal of hydraulic engineering，126（9）：653 – 669.

Fennema R J，Chaudhry M H，1990. Explicit methods for 2 – D transient free surface flows［J］. Journal of hydraulic engineering，116（8）：1013 – 1034.

Fisher，2001. Handbook for assessment of hydraulic performance of environmental channels［M］. HR Wallingford Limited.

George D L，2008. Augmented Riemann solvers for the shallow water equations over variable topography with steady states and inundation［J］. Journal of computational physics，227（6）：3089 – 3113.

Glaister P，1988. Approximate Riemann solutions of the shallow water equations［J］. Journal of hydraulic research，26（3）：293 – 306.

Godunov S K，1959. Adifference method for numerical calculation of discontinuous solutions of the equations of hydrodynamics［J］. Mat. sb（N. S.）：271 – 306.

Guan M，Liang Q，2017. A two – dimensional hydro – morphological model for river hydraulics and morphology with vegetation［J］. Environmental modelling & software，88：10 – 21.

Harten A，Lax P D，Leer B V，1997. On upstream differencing and Godunov – type schemes for hyperbolic conservation laws［J］. Upwind and high – resolution schemes：53 – 79.

Hou J，Liang Q，Simons F，et al，2013. A stable 2D unstructured shallow flow model for simulations of wetting and drying over rough terrains［J］. Computers & Fluids，82（17）：132 – 147.

Huang Z，Yao Y，Sim S Y，et al，2011. Interaction of solitary waves with emergent，rigid vegetation［J］. Ocean engineering，38（10）：1080 – 1088.

Hubbard M E，Garcianavarro P，2000. Flux difference splitting and the balancing of source terms and flux gradients［J］. Journal of computational physics，165（1）：89 – 125.

Hunt B，1983. Asymptotic solution for dam break on sloping channel［J］. Journal of hydraulic engineering, 109 (12): 1698 - 1706.

Kothyari U C, Hayashi K, Hashimoto H, 2009. Drag coefficient of unsubmerged rigid vegetation stems in open channel flows [J]. Journal of hydraulic research, 47 (6): 691 - 699.

Lesaint P, Raviart P A, 1974. On a finite element method for solving the Neutron transport equation [J]. Mathematical aspects of finite elements in partial differential equations (S4): 89 - 123.

Lee J K, Roig L C, Jenter H L, et al, 2004. Drag coefficients for modeling flow through emergent vegetation in the Florida Everglades [J]. Ecological engineering, 22 (4): 237 - 248.

Lee W K, Borthwick A G L, Taylor P H, 2016. A fast adaptive quadtree scheme for a two - layer shallow water model [J]. Journal of computational physics, 230 (12): 4848 - 4870.

Leu J M, Chan H C, Jia Y, et al, 2008. Cutting management of riparian vegetation by using hydrodynamic model simulations [J]. Advances in water resources, 31 (10): 1299 - 1308.

Li C W, Xie J F, 2011. Numerical modeling of free surface flow over submerged and highly flexible vegetation [J]. Advances in water resources, 34 (4): 468 - 477.

Li R M, Shen H W, 1973. Effect of tall vegetations on flow and sediment [J]. American society of civil engineers, 99 (5): 793 - 814.

Liang Q, Borthwick A G L, Stelling G, 2004. Simulation of dam - and dyke - break hydrodynamics on dynamically adaptive quadtree grids [J]. International journal for numerical methods in fluids, 46 (2): 127 - 162.

Liang Q, Marche F, 2009. Numerical resolution of well - balanced shallow water equations with complex source terms [J]. Advances in water resources, 32 (6): 873 - 884.

Liang Q, Zang J, Borthwick A G L, et al, 2007. Shallow flow simulation on dynamically adaptive cut cell quadtree grids [J]. International journal for numerical methods in fluids, 53 (12): 1777 - 1799.

Liang Q, 2011. A structured but non - uniform Cartesian grid - based model for the shallow water equations [J]. International journal for numerical methods in fluids, 66 (5): 537 - 554.

Liang Q, 2010. A well - balanced and nonnegative numerical scheme for solving the integrated shallow water and solute transport equations [J]. Communications in computational physics, 7 (5): 1049 - 1075.

Lindner K, 1982. Der Strömungswiderstand von Pflanzenbeständen [D]. Technische Universität Braunschweig.

Liu H, Zhou J G, Burrows R, 2010. Lattice Boltzmann simulations of the transient shallow water flows [J]. Advances in water resources, 33 (4): 387 - 396.

Liu X G, Zeng Y H, 2016. Drag coefficient for rigid vegetation in subcritical open channel [J]. Procedia engineering, 154: 1124 - 1131.

López F, García M, 1998. Open - channel flow through simulated vegetation: Suspended sediment transport modeling [J]. Water resources research, 34 (9): 2341 - 2352.

Michel - Dansac V, Berthon C, Clain S, et al, 2017. A well - balanced scheme for the shallow - water equations with topography or Manning friction [J]. Journal of computational physics, 335: 115 - 154.

Nepf H M, 1999. Drag, turbulence, and diffusion in flow through emergent vegetation [J]. Water resources research, 35 (2): 479 - 489.

Nepf H M, Vivoni E R, 2000. Flow structure in depth - limited, vegetated flow [J]. Journal of geophysical research, 105 (C12): 28547 - 28557.

Nezu I, Sanjou M, 2008. Turburence structure and coherent motion in vegetated canopy open - channel flows [J]. Journal of hydro - environment research, 2008, 2 (2): 62 - 90.

Osher S, Solomon F, 1982. Upwind difference schemes for hyperbolic systems of conservation laws [J]. Mathematics of computation, 38 (158): 339 - 374.

Pasche E，Rouvé G，1985. Overbank flow with vegetatively roughened flood plains [J]. Journal of hydraulic engineering，111 (9)：1262 - 1278.

Petryk S，Bosmajian G，1975. Analysis of flow through vegetation [J]. Journal of the hydraulics division，101 (7)：871 - 884.

Plew D R，2010. Depth - averaged drag coefficient for modeling flow through suspended canopies [J]. Journal of hydraulic engineering，137 (2)：234 - 247.

Ree W O，Palmer V J，1949. Flow of water in channels protected by vegetative lining [J]. Technical bulletin，967：1 - 115.

Rogers B，Fujihara M，Borthwick A G L，2015. Adaptive Q - tree Godunov - type scheme for shallow water equations [J]. International journal for numerical methods in fluids，35 (3)：247 - 280.

Sampson J，Easton A，Singh M，2006. Moving boundary shallow water flow in parabolic bottom topography [J]. The anziam journal，47 (EMAC 2005)：373 - 387.

Schwanenberg D，Harms M，2004. Discontinuous Galerkin finite - element method for transcritical two - dimensional shallow water flows [J]. Journal of hydraulic engineering，130 (130)：412 - 421.

Song L，Zhou J，Guo J，et al，2011. A robust well - balanced finite volume model for shallow water flows with wetting and drying over irregular terrain [J]. Advances in water resources，34 (7)：915 - 932.

Stoker J J，1957. Water waves：the mathematical theory with applications [M]. New York：Inter Science Publishers.

Stone B M，Shen H T，2002. Hydraulic resistance of flow in channels with cylindrical roughness [J]. Journal of hydraulic engineering，128 (5)：500 - 506.

Struve J，Falconer R A，Wu Y，2003. Influence of model mangrove trees on the hydrodynamics in a flume [J]. Estuarine，coastal and shelf science，58 (1)：163 - 171.

Synolakis C E，1986. The runup of long waves [D]. California Institute of Technology.

Tanino Y，Nepf H M，2008. Laboratory investigation of mean drag in a random array of rigid，emergent cylinders [J]. Journal of hydraulic engineering，134 (1)：34 - 41.

Toro E F，Spruce M，Speares W，1994. Restoration of the contact surface in the HLL - Riemann solver [J]. Shock waves，4 (1)：25 - 34.

Toro E F，2001. Shock capturing methods for free - surface shallow flows [M]. John Wiley：566 - 571.

Tsihrintzis V A Wu F C，Shen H W，et al，2001. Discussion and closure：variation of roughness coefficients for un - submerged and submerged vegetation [J]. Journal of hydraulic engineering，127 (3)：241 - 244.

Tsujimoto T，Kitamura T，1995. Lateral bed - load transport and sand - rigde formation near vegetation zone in an open channel [J]. Journal of hydroscience and hydraulic engineering，13 (1)：35 - 45.

Valiani A，Begnudelli L，2006. Divergence form for bed slope source term in shallow water equations [J]. Journal of hydraulic engineering，132 (7)：652 - 665.

Vázquez - Cendón M E，1999. Improved treatment of source terms in upwind schemes for the shallow water equations in channels with irregular geometry [J]. Journal of computational physics，148 (2)：497 - 526.

Wang H，Tang H W，Yuan S Y，et al，2014. An experimental study of the incipient bed shear stress partition in mobile bed channels filled with emergent rigid vegetation [J]. Science China technological sciences，57 (6)：1165 - 1174.

Wang W，Huai W，Zeng Y，et al，2015. Analytical solution of velocity distribution for flow through submerged large deflection flexible vegetation [J]. Applied mathematics and mechanics，36 (1)：107 -120.

Whittaker P，Wilson C A M E，Aberle J，2015. An improved Cauchy number approach for predicting the drag and reconfiguration of flexible vegetation [J]. Advances in water resources，83：28 - 35.

Wu W, Marsooli R, 2012. A depth - averaged 2D shallow water model for breaking and non - breaking long waves affected by rigid vegetation [J]. Journal of hydraulic research, 50 (6): 558 - 575.

Wylie E B, Streeter V L, Suo L, 1993. Fluid transients in systems [M]. Englewood Cliffs, New Jersey: Prentice Hall.

Ying X, Wang S S Y, 2008. Improved implementation of the HLL approximate Riemann solver for one - dimensional open channel flows [J]. Journal of hydraulic research, 46 (1): 21 - 34.

Zhang L, Liang Q, Wang Y, et al, 2015. A robust coupled model for solute transport driven by severe flow conditions [J]. Journal of hydro - environment research, 9 (1): 49 - 60.

Zhang S Q, Ghidaoui M S, Gray W G, et al, 2003. A kinetic flux vector splitting scheme for shallow water flows [J]. Advances in water resources, 26 (6): 635 - 647.

Zhang Q, Jiang T, et al, 2005. Precipitation, temperature and runoff analysis from 1950 to 2002 in the Yangtze basin, China [J]. Hydrological sciences journal, 50 (1): 65 - 80.

Zhao F, Huai W X, 2016. Hydrodynamics of discontinuous rigid submerged vegetation patches in open - channel flow [J]. Journal of hydro - environment research, 12: 148 - 160.

Zhou J G, Causon D M, Mingham C G, et al, 2001. The surface gradient method for the treatment of source terms in the shallow - water equations [J]. Journal of computational physics, 168 (1): 1 - 25.

Zia A, Banihashemi M A, 2008. Simple efficient algorithm (SEA) for shallow flows with shock wave on dry and irregular beds [J]. International journal for numerical methods in fluids, 56 (11): 2021 - 2043.